Ana Raquel Calais Siqueira
Alexandre de Assis Mota
Lia Toledo Moreira Mota

Sistemas baseados em Regras Nebulosas

AF154067

Ana Raquel Calais Siqueira
Alexandre de Assis Mota
Lia Toledo Moreira Mota

Sistemas baseados em Regras Nebulosas

Uma abordagem matricial

Novas Edições Acadêmicas

Impressum / Impressão
Bibliografische Information der Deutschen Nationalbibliothek: Die Deutsche Nationalbibliothek verzeichnet diese Publikation in der Deutschen Nationalbibliografie; detaillierte bibliografische Daten sind im Internet über http://dnb.d-nb.de abrufbar.
Alle in diesem Buch genannten Marken und Produktnamen unterliegen warenzeichen-, marken- oder patentrechtlichem Schutz bzw. sind Warenzeichen oder eingetragene Warenzeichen der jeweiligen Inhaber. Die Wiedergabe von Marken, Produktnamen, Gebrauchsnamen, Handelsnamen, Warenbezeichnungen u.s.w. in diesem Werk berechtigt auch ohne besondere Kennzeichnung nicht zu der Annahme, dass solche Namen im Sinne der Warenzeichen- und Markenschutzgesetzgebung als frei zu betrachten wären und daher von jedermann benutzt werden dürften.

Informação biográfica publicada por Deutsche Nationalbibliothek: Nationalbibliothek numera essa publicação em Deutsche Nationalbibliografie; dados biográficos detalhados estão disponíveis na Internet: http://dnb.d-nb.de.
Os outros nomes de marcas e produtos citados neste livro estão sujeitos à marca registrada ou a proteção de patentes e são marcas comerciais registradas dos seus respectivos proprietários. O uso dos nomes de marcas, nome de produto, nomes comuns, nome comerciais, descrições de produtos, etc. Inclusive sem uma marca particular nestas publicações, de forma alguma deve interpretar-se no sentido de que estes nomes possam ser considerados ilimitados em matérias de marcas e legislação de proteção de marcas e, portanto, ser utilizadas por qualquer pessoa.

Coverbild / Imagem da capa: www.ingimage.com

Verlag / Editora:
Novas Edições Acadêmicas
ist ein Imprint der / é uma marca de
OmniScriptum GmbH & Co. KG
Heinrich-Böcking-Str. 6-8, 66121 Saarbrücken, Deutschland / Niemcy
Email / Correio eletrônico: info@nea-edicoes.com

Herstellung: siehe letzte Seite /
Publicado: veja a última página
ISBN: 978-3-639-83910-4

Sumário

INTRODUÇÃO

Atualmente os ambientes organizacionais se tornaram complexos e dinâmicos, pautando o processo de Tomada de Decisão com incertezas e riscos implícitos.

A princípio, uma tomada de decisão deve sempre ser imparcial. No entanto, existem fatores que contribuem para gerar incerteza quanto a isso, como, por exemplo, heurísticas cognitivas que influenciam nesse processo. Portanto, é cada vez mais importante que o tomador de decisões esteja suportado por ferramentas que tenham como finalidade reduzir a subjetividade de suas decisões, sendo que estes chamados Sistemas de Apoio à Tomada de Decisão podem ser classificados conforme o nível organizacional, ou seja, Operacional, Tático ou nível Estratégico. (SIN OIH YU, 2011)

Com este cenário de complexidade, buscou-se desenvolver uma ferramenta de apoio a Tomada de decisão, utilizando a aplicação da Lógica Nebulosa.

A Lógica Nebulosa (Fuzzy Logic) tem sua origem nos estudos de Lofti Zadeh, professor do Departamento de Engenharia Elétrica da Universidade da Califórnia, que publicou em 1965, seu artigo sobre a teoria dos conjuntos nebulosos. (NEGNEVITSKY, 2005)

Em 1973, Zadeh propôs uma nova abordagem para análise de sistemas complexos onde o conhecimento humano seria expresso por regras nebulosas, que são de natureza condicional e possuem o de Conceito de Causa e Efeito ou Condição e Consequência. Assim, a Lógica Nebulosa é projetada para interpretar o raciocínio dedutivo, isto é, o modo como as pessoas inferem conclusões baseadas em fatos ou informações. E torna possível traduzir e tratar as incertezas e imprecisões, de modo que os computadores possam processá-las, "raciocinando" como as pessoas, de

4

modo a apoiá-las em seu processo de tomada de decisão. (SHAW & SIMOES, 1999)

A Lógica Nebulosa é classificada como Lógica Não-Clássica ou Lógica Polivalente, rejeitando a lei do terceiro excluído, que é um dos princípios básicos da Lógica Clássica. (SHAW & SIMOES, 1999)

Em 1975, o Professor Ebrahim Mamdani publicou, com base nas teorias de Zadeh, seu mecanismo de inferência nebulosa, que consiste no processamento de quatro etapas (NEGNEVITSKY, 2005):

Fuzzificação das entradas,

Avaliação das regras,

Agregação dos consequentes,

Defuzzificação

Dadas as características desse mecanismo, julgou-se adequada sua utilização neste ambiente; assim, esse material propõe um método generalista, baseado em operações entre matrizes numéricas, para a implementação de sistemas de regras nebulosas, através de transformações numérico-lógicas nos elementos dessas matrizes.

A disponibilidade de um método generalista permite que sua implementação em qualquer plataforma computacional (*hardware* e *software*), para análise em uma ampla gama de cenários com presença de subjetividade no processo de tomada de decisão. Com a construção de um sistema de inferência baseado em regras nebulosas e associação de regras, pode-se comparar a tomada de decisão baseada no resultado do método com a opinião e tomada de decisão do especialista.

1. TOMADA DE DECISÃO

A resolução de conflitos em ambientes de rápidas mudanças, como o corporativo, e a integração entre decisões estratégicas e planos táticos são atitudes críticas para a tomada de decisão. Decisões rápidas, baseadas em padrões de comportamentos do decisor, contribuem para a melhoria de qualidade do resultado esperado. (EISENHARDT, 1989)

Entretanto, as decisões possuem um risco implícito, uma vez que existe um grau de incerteza quanto ao futuro, nos diversos âmbitos: econômico, governamental, comportamental dos clientes e funcionários, etc. Daí a importância de apoiar o tomador de decisões empresariais em sua complexa tarefa com ferramentas (sistemas, processos, padrões, práticas, etc.) cada vez mais objetivas e claras.

Em seu estudo, (FINKELSTEIN, 2007) apresenta erros cometidos por executivos que poderiam levar empresas do porte de organizações como GM, Motorola, Quaker, Mattel, etc. à beira do colapso, enfatizando que quando os fracassos reais ocorreram, as razões e justificativas e até as desculpas fornecidas pelos gestores foram, coincidentemente, sempre as mesmas: problemas de tomadas de decisões e liderança. Por isso, (SIN OIH YU, 2011) descreve que o fracasso é ocasionado, em boa parte, pela falta de qualidade do processo de tomada de decisão.

1.1. O processo decisório

De acordo com (KAHNEMAN & TVERSKY, 2009):

"Decidir é um processo influenciado pelos vieses emocionais e limitado por erros de percepção"

Mais ainda, a qualidade do processo de tomada de decisão influencia o resultado final em um ambiente corporativo (SIN OIH YU, 2011). Desse modo, (SIN OIH YU, 2011) descreve o processo decisório como a combinação de 5 aspectos organizacionais:

Decisão Política;
Decisão Política Estratégica;
Decisão Tática;
Decisão Trivial;
Decisão Operacional;

A figura 1 relaciona os aspectos organizacionais com a complexidade analítica, que representa os problemas com suas variáveis e complexidade organizacional.

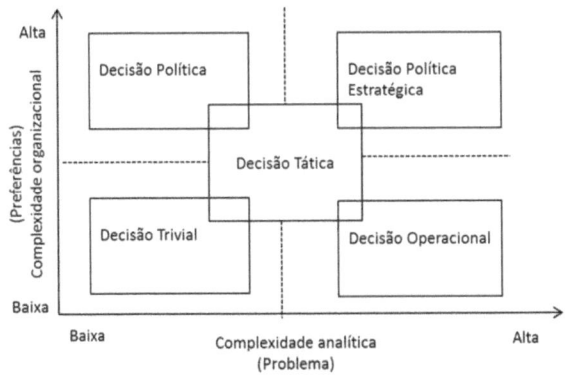

Figura 1: Combinações do processo decisório. (SIN OIH YU, 2011)

A referência (SIN OIH YU, 2011) ressalta que as decisões não são binárias (0 ou 1), isto é, não há uma decisão absolutamente certa ou absolutamente errada, pois fazem parte de ambientes complexos, onde as principais variáveis são: pessoas, estrutura, controle, sigilo, riscos, recursos, etc. E todas as variáveis estão envolvidas com informações incertas e, muitas vezes fora de seu contexto.

A tomada de decisão no complexo ambiente organizacional sempre será pautada pela incerteza, pois sempre se relaciona com quem decide e com as condições da situação que o envolvem.

Uma das situações subjetivas mais comuns é a influência da Política no processo decisório, que é exercida pelas pessoas que detém o poder na organização, colocando a tomada de decisão num contexto com múltiplos objetivos. E, como não é possível ao tomador de decisão acessar todas as informações e saber todas as possibilidades, nem consequências, devido os diferentes interesses, torna-se comum optar por soluções satisfatórias e razoáveis, ou seja, decisões quase-ótimas. Para minimizar as decisões erradas ou razoáveis, deve-se medir os riscos, quantificá-los, examinar as preferências, estudar meios de reduzi-los ou eliminá-los e ainda selecionar o grau de risco admissível com planos de contenção.

1.2. Abordagem Descritiva e Prescritiva

A referência (SIN OIH YU, 2011) expõe que o assunto tomada de decisão evoluiu a partir de meados do século XX. Antes, o processo era focado em desenvolvimento de fórmulas específicas e normas quantitativas para problemas enfrentados nas empresas.

Entretanto, na prática, na rotina das organizações, as premissas da teoria clássica não são viáveis por causa de seu ambiente dinâmico, por exemplo: dificilmente pode-se ter um problema claramente definido, com critérios objetivos e perspectivas e consequências devidamente exploradas. Dada essa característica, pode-se definir duas abordagens principais que se adequam ao mundo real: a Descritiva e a Prescritiva.

8

1.3. Abordagem Prescritiva

A abordagem prescritiva é mais acadêmica, tem como base a teoria clássica, e foca em como as pessoas deveriam agir para tomar suas decisões a partir de um processo decisório estruturado e com auxílio de métodos bem definidos. É indicada para ambientes de baixo risco (SIN OIH YU, 2011) e tem como base fundamental a racionalidade limitada do ser humano, isto é, o procedimento que o mesmo utiliza para tomar decisões.

Contudo, o pano de fundo para as tomadas de decisões nos ambientes organizacionais são o risco e a incerteza. No ambiente organizacional, entre a certeza absoluta e a incerteza, no contexto de tomada de decisão, existe uma gradação de risco, desde o relativamente baixo até o inquestionavelmente alto. Como o tomador de decisão não tem acesso a todas as informações e cenários, isto é, possui um ambiente de incertezas, sempre haverá o risco de mudança de cenário, trazendo consequências nos resultados de uma decisão.

As principais ferramentas para auxiliar a abordagem prescritiva estão listadas na tabela a seguir:

Tabela 1: Ferramentas para auxiliar a Tomada de Decisão (SIN OIH YU, 2011)

Dimensão	Técnica de auxílio à tomada de decisão
Ênfase Quantitativa	Árvore de decisão Critérios financeiros: VPS, TIR, PayBack Matriz de decisão Programação Linear Simulação Teorema de Bayes Teoria das filas Teoria da Utilidade

Ênfase Qualitativa	Brainstorming Diagrama de influência Diagramas Causais Espinha de peixe Mapas cognitivos Método Delphi Tabela de estratégias
Multicritério (técnica)	AHP (*Analytic Hierarchy Process*)
Multicritério (Softwares de Apoio a decisão – SAD)	DPL Macbeth Promethee

1.4. Abordagem Descritiva

A abordagem descritiva se baseia em como as pessoas realmente tomam suas decisões no dia a dia. Foi estudada e divulgada no final do século XX, tendo como base (SIN OIH YU, 2011):

A psicologia cognitiva, que trata o ser humano como sistema, que interpreta informações do meio ambiente de acordo com seus modelos mentais.

A sociologia, que estuda o comportamento dos seres humanos e suas interações em grupos e organizações.

Sua abordagem na tomada de decisão é a observação da organização e de seus decisores, isto é, a observação de como o ambiente influencia as decisões e de como decisões são tomadas sem o conhecimento do todo ou sem análises profundas, em um esforço para a obtenção de soluções satisfatórias.

Entretanto o grande diferencial da abordagem descritiva é a ênfase na prática, pois as decisões são realmente tomadas.

1.5. Heurísticas no julgamento na abordagem descritiva

O termo Heurística, está descrito em (Dicionário Houaiss, 1899) como:

"1 arte de inventar, de fazer descobertas; ciência que tem por objeto a descoberta dos fatos;
1.1 hist ramo da História voltado à pesquisa de fontes e documentos"

Essa "arte", no âmbito da tomada de decisão, serve para simplificar o processo decisório, pois leva o tomador de decisão a buscar, em sua memória de experiências prévias, casos similares de acontecimentos, procurando uma solução razoável para a situação.

Essa simplificação é influenciada pelo viés cognitivo, isto é, pela visão parcial da situação baseada em visão de mundo e experiências pessoais anteriores, podendo gerar discrepância entre o julgamento e o que realmente está sendo julgado.

Outro viés presente na heurística é o emocional, que pode gerar conflito pessoal e organizacional. Por exemplo: existem os tomadores de decisão pessimistas e otimistas, que visualizam a situação dependendo também de suas experiências anteriores ou pessoais.

A princípio, uma tomada de decisão deve sempre ser imparcial. No entanto, existem fatores que contribuem para gerar incerteza quanto a isso. Os principais fatores que contribuem para essa incerteza são:

Alto grau de complexidade do mundo real;
Informações imprecisas e fragmentadas;
Limitação da capacidade cognitiva;
Forma de reação em situações de pressão;
Forma como os problemas são tratados;

As heurísticas utilizadas.

Nesse sentido, uma das formas de minimizar essa incerteza quanto à imparcialidade das decisões (que necessariamente impactam em sua qualidade) é a implementação de Sistemas de Apoio a Tomada de Decisão, geralmente estruturados como descritos a seguir.

1.6. Sistemas de apoio a tomada de decisão

Os Sistemas de Informação são importantes apoios à tomada de decisão, pois monitoram o processo, a qualidade e eficiência dos processos organizacionais. (SIN OIH YU, 2011)

São comumente classificados em três níveis organizacionais, de acordo com seus objetivos e finalidades: estratégico, tático ou operacional. (SIN OIH YU, 2011). Atualmente os três níveis ou categorias de sistemas estão integrados nas empresas através dos Sistemas Integrados de Gestão (ERP – *Enterprise Resources Planning*). A figura 2 ilustra os níveis organizacionais e a classe de Sistema de informação como apoio a tomada de decisão:

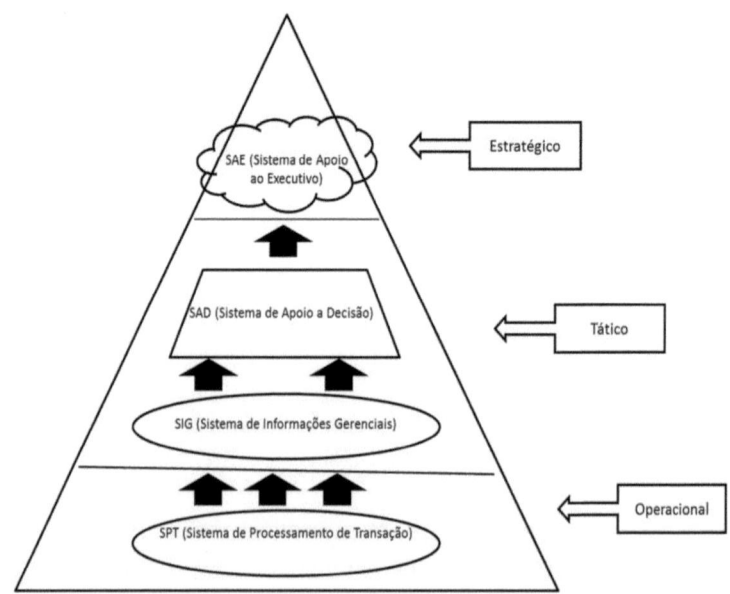

Figura 2: Sistemas de apoio a tomada de decisão (SIN OIH YU, 2011)

12

Os SAEs (Sistemas de Apoio ao Executivo) suportam os executivos, fornecendo informações internas e externas ao negócio, isto é, do mercado, do posicionamento da empresa e do ambiente de negócios (SIN OIH YU, 2011). Correspondem a um suporte empresarial no nível estratégico, entregando ao executivo informações internas e do ambiente de negócio.

Os SADs (Sistemas de Apoio à Decisão) são sistemas de apoio aos gerentes ou executivos para tomada de decisão estruturada ou não. São de inteligência empresarial e também são chamados de DSS (*Decision Support Systems*), sendo utilizados para apoiar executivos em decisões estruturadas de problemas operacionais, novas demandas e oportunidades do mercado.

Já os SIGs (Sistemas de Informações Gerenciais) são responsáveis pela transformação dos dados da forma mais básica, obtida pelo SPT (Sistema de Processamento da Transação), em informações sucintas e consolidadas para acompanhamentos rotineiros. (SIN OIH YU, 2011).

Os SIGs são importantes para decisões em níveis Operacionais e Táticos já que consolidam informações coletadas do SPT nas várias áreas funcionais, além de produzirem relatórios e cálculos para monitoração da produção, custos, qualidade e produtividade.

Finalmente, os SPTs coletam dados importantes de qualquer natureza e repositório que sejam resultado da interação entre a organização, o ambiente e os vários processos operacionais internos.

2. A LÓGICA NEBULOSA

A Lógica Nebulosa trabalha com a imprecisão, incerteza ou verdade parcial, aspectos do mundo e pessoas reais. (SHAW & SIMOES, 1999). Para as pessoas, palavras não representam uma ideia única, mas um conjunto de ideias. E, cada um pode ter uma representação diferente para cada palavra, dependendo da experiência anterior e visão de mundo. Um termo pode ser entendido e interpretado, por pessoas diferentes, de maneiras diferentes.

É projetada para interpretar o raciocínio dedutivo, isto é, o modo como as pessoas inferem conclusões baseadas em fatos ou informações. É capaz de expressar de uma maneira sistemática quantidades imprecisas, vagas e até mal definidas (SHAW & SIMOES, 1999). A Lógica Nebulosa torna possível traduzir e tratar essas incertezas e imprecisões, de modo que os computadores, que só conhecem a precisão absoluta, possam processar as informações, "raciocinando" como as pessoas, de modo a apoiá-las em seu processo de tomada de decisão.

2.1. A Lógica Clássica

Pode-se considerar que a lógica, tal como é usada na filosofia e na matemática, observa sempre os mesmos princípios básicos: a lei do terceiro excluído, a lei da não-contradição e a lei da identidade. A esse tipo de lógica pode-se chamar Lógica Clássica, Formal ou Aristotélica. As leis fundamentais da Lógica Clássica estão descritas no item 4.1.2. (Dialética e Lógica, 2011)

2.2. Bivalência

14

O atributo da bivalência é o mais básico e fundamentado da Lógica Clássica, e significa a possibilidade de uso de apenas dois valores: verdadeiro ou não verdadeiro, preto ou branco, zero ou não zero, amigo ou inimigo, etc. Não há nada entre os valores. A computação é baseada na bivalência e a álgebra *booleana* controla as leis da verdade em linguagem matemática. Para a ciência e tecnologia, a bivalência é indispensável para a precisão. (SHAW & SIMOES, 1999).

Se praticada na vida real, a bivalência ignora todas as possibilidades entre os valores. Por exemplo, não existiriam meias verdades, nem pouco amigo e nem cinza. Ou seja, não contempla a existência de termos e situações vivenciados no mundo real.

2.3. Leis fundamentais da Lógica Clássica

A.   As leis fundamentais da lógica formal são três:

B.   A lei da identidade;

C.   A lei da não contradição; C. A lei do terceiro excluído.

A lei da identidade declara que: A é A ou A=A.

Pela lei da não contradição, A não é um não-A. Ou seja, essa lei nada mais é do que a forma negativa da primeira lei. Essa lei diz que uma dada sentença não pode se contradizer, ou seja, não pode afirmar simultaneamente algo e seu oposto. Em outras palavras, não é possível afirmar, simultaneamente, que algo está quente e está frio, molhado e seco, etc.

De acordo com a lei do terceiro excluído, duas proposições contraditórias, mutuamente exclusivas, não podem ser ambas verdadeiras. Na verdade, ou A é B, ou A não é B. Se uma dessas proposições é verdadeira, a outra é necessariamente falsa; e vice-versa. Não há, e nem poderia haver, qualquer outra solução. (Dialética e Lógica, 2011)

2.4. Noções de Conjuntos e Pertinência de Elementos

Na teoria de conjuntos, a primeira propriedade é a Pertinência de um elemento x, em um conjunto A, indicada pelo símbolo ϵ: $x \epsilon$ A

Pela lógica clássica, a forma de indicar a função de pertinência $\mu_A(x)$, cujo valor indica se o elemento x pertence ou não ao conjunto A, na função bivalente é:

$$\mu A(x) = \begin{cases} 1 \text{ se } x \epsilon A \\ \\ 0 \text{ se } x \notin A \end{cases}$$

Considere-se o seguinte exemplo de pertinência de elementos em termos da função bivalente: a figura 6 a seguir considera no eixo X a velocidade do carro como função bivalente em relação ao limite de velocidade de 80 km/h. No eixo Y, tem-se a função $\mu_A(x)$ que representa o grau de pertinência da variável x (velocidade do carro) ao conjunto A, de infratores de velocidade.

Os que dirigem mais rápido que 80 km/h pertencem ao grupo de Infratores (A) e sua função de pertinência é 1. Aqueles que dirigem mais lentamente não pertencem ao conjunto A. Desse modo:

$$X_1 = 78 \text{ Km/h} \rightarrow \mu_A(x_1) = 0$$

$$X_2 = 80 \text{ Km/h} \rightarrow \mu_A(x_2) = 0$$

$$X_3 = 82 \text{ Km/h} \rightarrow \mu_A(x_3) = 1$$

$$X_4 = 90 \text{ Km/h} \rightarrow \mu A(x_4) = 1$$

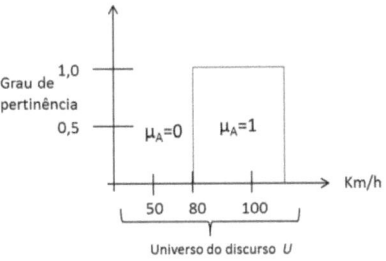

Figura 3: Exemplo de função de pertinência booleana (SHAW & SIMOES, 1999)

2.5. Operações lógicas entre conjuntos

Na lógica clássica, as operações com conjuntos são essencialmente as operações booleanas, onde se utilizam os conectivos E, OU e NÃO:

Os exemplos seguintes ilustram as operações lógicas entre conjuntos (SHAW & SIMOES, 1999):

Dado:

Dois conjuntos: A e B
U o Universo do Discurso
A⊂U, B⊂U

A função booleana E (intersecção entre conjuntos (∩)) é executada em cada par de elementos conforme tabela a seguir:

Tabela 2: A função booleana E(SHAW & SIMOES, 1999)

A	B	A∩B	Pertinência a U
0	0	0	Não-membro
0	1	0	Não-membro
1	0	0	Não-membro
1	1	1	Membro

A função booleana OU (união entre conjuntos (∪)) é executada em cada par de elementos conforme tabela a seguir:

Tabela 3: A função booleana OU(SHAW & SIMOES, 1999)

A	B	A∪B	Pertinência a U
0	0	0	Não-membro
0	1	1	Membro
1	0	1	Membro
1	1	1	Membro

Nos itens a seguir serão explicadas as operações E e OU.

2.6. Intersecção de Conjuntos booleanos

Dados:

Dois conjuntos: A e B
U o Universo do Discurso
A⊂ U, B⊂ U
X é o elemento de cada conjunto

Define-se a intersecção A ∩ B como o conjunto de todos os elementos x, que são membros de ambos os conjuntos. E, dados os vetores de pertinência individuais dos elementos (x) de cada conjunto A e B, pode-se determinar a pertinência da intersecção da seguinte forma:

$$\mu A \cap B(x) = \mu A(x) . \mu B(x)$$

Onde o operador ".." simboliza a função booleana E, que é executada em cada par de elementos.

A intersecção é maior subconjunto do universo do discurso U, que é ao mesmo tempo parte de A e também parte de B e, portanto, sempre menor que os subconjuntos individuais A e B. Por essa razão, pode-se afirmar que:

18

$$\mu A \cap B(x) = \min[\mu A(x), \mu B(x)]$$

Quando a intersecção entre ambos é o conjunto vazio $A \cap B = \emptyset$, os conjuntos não possuem membros em comum e são chamados conjuntos disjuntos.

2.7. União de Conjuntos booleanos

Dados:

Dois conjuntos: A e B
U o Universo do Discurso
$A \subset B$, $B \subset U$
X é o elemento de cada conjunto

Define-se a união $A \cup B$ como o conjunto de todos os elementos x, que pertencem ou ao conjunto A, ou ao conjunto B, ou a ambos. E, dados os vetores de pertinência individuais dos elementos (x) de cada conjunto A e B, pode-se determinar a pertinência da união da seguinte forma:

$$\mu A \cup B(x) = \mu A(x) + \mu B(x)$$

Onde o operador "+" simboliza a função booleana OU, que inclui ambos os conjuntos A e B.

A união é o menor subconjunto do universo do discurso U, que inclui ambos os conjuntos A e B. e, portanto sempre maior que os subconjuntos individuais A e B. Por essa razão, pode-se afirmar que:

$$\mu A \cup B(x) = \max[\mu A(x), \mu B(x)]$$

2.8. Princípios básicos da Lógica Nebulosa

A Lógica Nebulosa é classificada como Lógica Não-Clássica ou Lógica Polivalente, rejeitando a lei do terceiro excluído, que é um dos princípios básicos da Lógica Clássica, como descrito, anteriormente, no item 1.9.

2.9. Multivalência

O mundo real não é bivalente, é multivalente. Tudo é uma questão de ponto de vista ou de gradação.

A Lógica Nebulosa reconhece que existe um amplo espectro de opções entre dois valores de uma situação, assegurando que a verdade é uma questão de ponto de vista, definindo o grau de veracidade em um intervalo numérico [0,1], onde a certeza absoluta é representada pelo valor 1 (SHAW & SIMOES, 1999).

2.10.Números nebulosos

Um número nebuloso X, que está em um conjunto nebuloso U (Universo do discurso) possui as seguintes restrições:

X deve ser normalizado: $max\ \mu_X(u) = 1$, u ϵU

Isso significa que, para qualquer elemento $u\epsilon$U, o máximo valor da função de pertinência deve ter valor 1.

2.11.Variáveis e valores linguísticos

Variáveis linguísticas são variáveis u que podem ser descritas com sentenças, palavras, termos ou rótulos (terminologia T) em um Universo do Discurso U (SHAW & SIMOES, 1999).

Tome-se, como exemplo, a variável nebulosa velocidade, formada pelos conjuntos nebulosos velocidade baixa, velocidade média e velocidade alta, no Universo do Discurso entre 0 e 100 km, ou seja:

T(velocidade) = {baixa, média, alta} sobre o Universo do Discurso U = [0,100]

2.12.Conjuntos nebulosos

Os conjuntos nebulosos são Universos de discurso contínuos e são qualificativos das variáveis linguísticas (SHAW & SIMOES, 1999). Assim:

São o lócus da determinação da pertinência das entradas discretas das variáveis;
Quanto maior o número de conjuntos, maior a demanda computacional;

Podem ter diferentes formatos de função de pertinência: Triangular, Trapezoidal, Gaussiana ou Sigmoide, por exemplo, explicitadas no item a seguir.

2.13.Funções de pertinência

"A propriedade fundamental da Lógica Nebulosa é que a função de pertinência $\mu_A(x)$ tem todos os valores do intervalo [0,1]. Isso significa que um elemento pode ser membro parcialmente de um conjunto, indicado por um valor fracionário dentro do intervalo numérico" (SHAW & SIMOES, 1999)

Uma função de pertinência é numérica, gráfica ou tabulada, atribuindo valores de pertinência nebulosa para valores discretos das variáveis, em seu universo de discurso.

Seja x o elemento em um conjunto U. A propriedade fundamental da Lógica Nebulosa é que a função de pertinência $\mu_E(x)$ tem todos os valores dentro do intervalo [0,1], isto é:

$\mu_U(x) = 1$, se x está totalmente em U;

$\mu_U(x) = 0$, se x não está em U (está fora de U);

$0 < \mu_U(x) < 1$, se x está parcialmente em U

A pertinência não é sinônimo de porcentagem, ou seja, não significa que a somatória dos possíveis valores de pertinência dos conjuntos de uma variável nebulosa é 100%. É um valor fracionário dentro do intervalo numérico. Assim, um elemento x pode ser membro parcialmente de um conjunto U, indicado por um valor fracionário dentro do intervalo numérico;

No contexto desse trabalho, a função de pertinência $\mu_U(x)$ é finita e discreta, pois nos cenários de Engenharia e Computação estudados, os valores são **finitos** e **discretos**.

A quantidade de funções em um Universo de discurso e seu formato são escolhidos com base na experiência, na natureza do processo a ser controlado, ou em entrevistas com especialistas (SHAW & SIMOES, 1999). Com relação ao formato, as funções pertinência (μ) mais frequentes são:

Trapezoidais: são usadas onde a saída não é sensível a mudanças. Podem ser representadas como segue.

$$\mu\,(x, A, B, C, D) = \begin{cases} 0 & x \leq A \\ (x-A)/(B-A) & A < x < B \\ 1 & B \leq x \leq C \\ (D-x)/(D-C) & C < x < D \\ 0 & x \geq D \end{cases}$$

Sendo x a variável independente e A, B, C, D os valores modais dos conjuntos nebulosos.

A figura 7 ilustra uma função de pertinência trapezoidal em seu Universo de discurso:

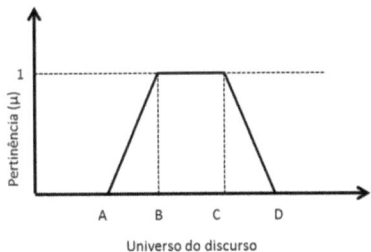

Figura 4: Função de pertinência (μ) Trapezoidal

Triangulares: podem ser representadas como segue

$$\mu\ (x, A, B, C, D) = \begin{cases} 0 & x \le A \\ (x-A)/(B-A) & A < x < B \\ (D-x)/(D-C) & C < x < D \\ 0 & x \ge D \end{cases} \quad (11)$$

Sendo x a variável independente e A, B, C, D os valores modais, e B=C:

A figura 8 ilustra uma função de pertinência (μ) triangular em seu Universo de discurso:

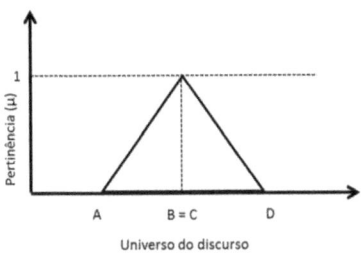

Figura 5: Função de pertinência (μ) triangular

A figura 9 ilustra funções de pertinência triangulares e outras trapezoidais no mesmo universo de discurso:

23

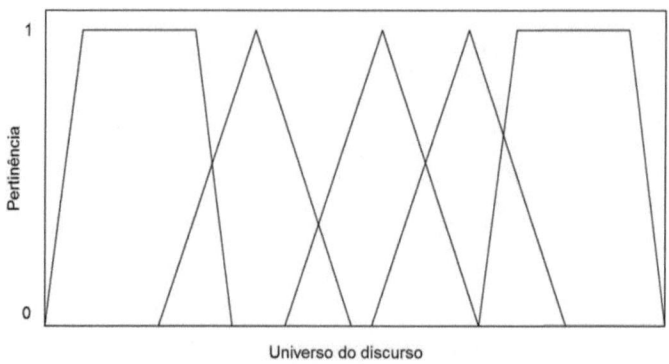

Figura 6: Funções de pertinência triangulares e trapezoidais

É importante ressaltar que essas funções não precisam ser simétricas ou igualmente espaçadas.

Considerando o mesmo exemplo do item 1.10, mas agora com a pertinência de elementos em termos da função multivalente, tem-se que a figura 10 considera no eixo X a velocidade do carro como função multivalente em relação ao limite de velocidade de 80 Km/h. No eixo Y o Grau de pertinência da variável x (velocidade do carro) ao conjunto A, de Infratores de velocidade.

Os que dirigem mais rápido que 80 Km/h pertencem ao grupo de Infratores (A) e sua função de pertinência aumenta gradualmente, quanto mais se afasta dos 80 km/h. A transição brusca de infratores não reflete a realidade, pois os policiais conhecem a imprecisão de seus instrumentos de medição de velocidade, e muito provavelmente relevariam pequenas infrações. Desse modo, no mundo real, pode-se ter o seguinte exemplo de função de pertinência:

$X_1 = 78$ Km/h $\rightarrow \mu_A(x_1) = 0$

$X_2 = 80$ Km/h $\rightarrow \mu_A(x_2) = 0,2$

$X_3 = 82$ Km/h $\rightarrow \mu_A(x_3) = 0,4$

$X_4 = 90$ Km/h $\rightarrow \mu_A(x_4) = 1$

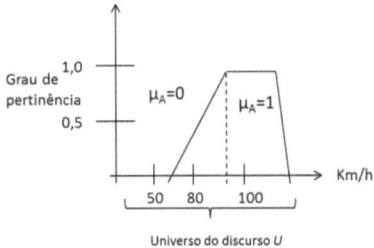

Figura 7: Exemplo de função de pertinência nebulosa (SHAW & SIMOES, 1999)

2.14. Operações de conjuntos nebulosos

Dados:

Dois conjuntos: A e B
O universo de discurso U
O conjunto dos valores de pertinência dos conjuntos A e B: M
M[0,1]

Então A ⊂ B para todo elemento x se:

$$\mu a(x) \leq \mu B(x)$$

Significa que A está contido em B se o valor de pertinência de cada elemento x ∈U em A for menor ou igual a pertinência x ∈U de B. Isto é, todos os elementos de U que são classificados como conjunto A também o são como conjunto B, podendo ter "buracos" ou "vazios" entre eles.

2.15. Intersecção de Conjuntos nebulosos

Segue o mesmo raciocínio do item 4.1.5 onde tem-se os dados:

Dois conjuntos: A e B

U o Universo do Discurso

A⊂U, B ⊂ U

X é o elemento de cada conjunto

M é o conjunto dos valores de pertinência de todos os conjuntos

A intersecção é o maior subconjunto do universo do discurso U, que é ao mesmo tempo parte de A e também parte de B e, portanto sempre menor que os subconjuntos individuais A e B. Por essa razão, pode-se afirmar que:

$$\mu_{A∩B}(x) = \min[\mu_A(x), \mu_B(x)]$$

Exceto que, nesse caso, M = [0,1] e nos conjuntos booleanos M tem apenas dois valores M = {0,1}.

A figura 11 representa graficamente a função nebulosa *de intersecção*, equivalente ao operador lógico **E**, onde se x ∈ A, x ∈ B, então:

x ∈ A   **E**   x ∈ B →   x = A ∩ B   para ∀ x

μ_A μ_B $\mu_{A∩B}$

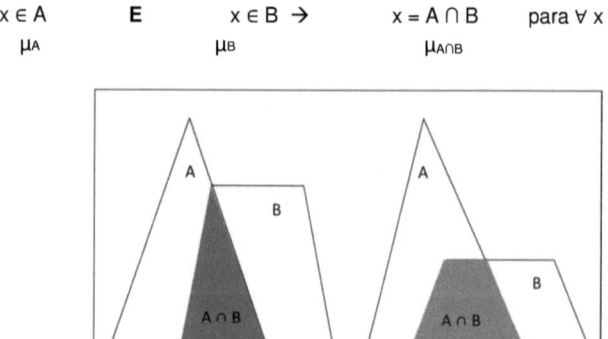

Figura 8: Intersecção de conjuntos nebulosos(SHAW & SIMOES, 1999)

2.16.União de Conjuntos nebulosos

Segue o mesmo raciocínio do item 1.13 onde tem-se os dados:

Dois conjuntos: A e B

U o Universo do Discurso

A⊂ B, B⊂ U

X é o elemento de cada conjunto

M é o conjunto dos valores de pertinência de todos os conjuntos

A união é o menor subconjunto do universo do discurso U, que inclui ambos os conjuntos A e B. e, portanto, sempre maior que os subconjuntos individuais A e B. Por essa razão, pode-se afirmar que:

$$\mu_{A \cup B}(x) = max[\mu_A(x), \mu_B(x)]$$

Exceto também que, nesse caso, M = [0,1] e nos conjuntos booleanos M tem apenas dois valores M = {0,1}.

A figura 12 representa graficamente a função nebulosa de união, equivalente ao operador lógico **OU**, onde se x ∈ A, x ∈ B, então:

x ∈ A   **OU**   x ∈ B →   x = A ∪ B   para ∀ x

μ_A μ_B $\mu_{A \cup B}$

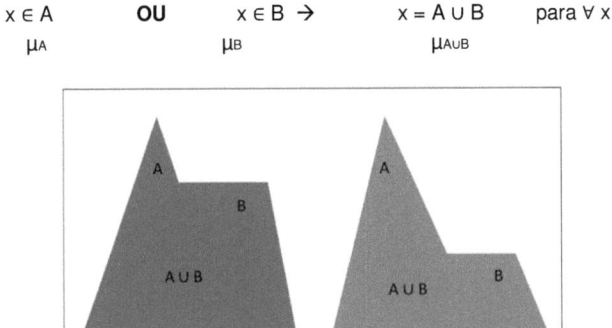

Figura 9: União de conjuntos nebulosos (SHAW & SIMOES, 1999)

2.17.Implicação lógica e regras de inferência

O raciocínio humano consiste em inferência lógica ou implicações lógicas. Na Lógica Nebulosa, a inferência consiste em uma entrada ou condição, tendo uma saída ou consequência. E, são todas regras de raciocínio com graus de verdade no intervalo [0,1].

O processo de Implicação Lógica realiza as inferências para gerar as saídas dos conjuntos nebulosos. É o Conceito de Causa e Efeito ou Condição e Consequência;

As regras são de natureza condicional e possuem o seguinte formato:

SE $(x \: \acute{E} \: A)$ **E/OU**$(y \: \acute{E} \: B)$ **ENTÃO** $(z \: \acute{E} \: C)$

Onde x, y e z são as variáveis linguísticas e A, B e C são os valores linguísticos. Tomemse, como exemplo, as variáveis nebulosas Eficiência, Qualidade e Satisfação, nas quais Eficiência e Qualidade são variáveis dos Antecedentes e Satisfação a variável do Consequente, ou seja:

– SE Eficiência é Média E Qualidade É Boa ENTÃO Satisfação É Alta

3. SISTEMA DE INFERÊNCIA BASEADO EM REGRAS NEBULOSAS

Um Sistema de Inferência baseado em Regras Nebulosas (FIS – *Fuzzy Inference Systems*) utiliza a teoria de Conjuntos Nebulosos e modelos linguísticos para mapear as entradas e transformá-las em saída, por técnicas heurísticas (FIS - Fuzzy Inference Systems, 2004) (SHAW & SIMOES, 1999) A Figura 13 ilustra esse processo:

> Variável de entrada ➔ Inferência Nebulosa (regras) ➔ Variável de saída

Figura 10: Processo de Inferência baseado em Regras Nebulosas

Conforme citado anteriormente, o mecanismo de inferência nebulosa publicado, em 1975, por Ebrahim Mamdani consiste no processamento de quatro etapas (NEGNEVITSKY, 2005):

1. fuzzificação das entradas,

2. avaliação das regras,

3. agregação dos consequentes,

4. defuzzificação

Cada etapa será detalhada a seguir.

3.1. Fuzzificação das entradas

Fuzzificação é o mapeamento de números reais para o domínio nebuloso. (SHAW & SIMOES, 1999).Consiste em determinar o grau de pertinência (μ) das entradas com números reais (*crisp*) em relação aos conjuntos nebulosos.

A conversão de um único valor discreto em um conjunto nebuloso, resulta um número de elementos (pertinências) igual à quantidade de funções de pertinência usadas no processo de fuzzificação.

Se o número de funções de pertinência for M, a fuzzificação de um vetor discreto $\{x_1, x_2,...,x_n\}$ produzirá N vetores fuzzy $p_1,p_2,...p_n$ chamados de Vetores de Possibilidades com

M elementos cada. (SHAW & SIMOES, 1999)

3.2. Avaliação das regras e agregação dos consequentes

Conforme será descrito no item 6.5, as regras nebulosas ou inferências relacionam conjuntos nebulosos de modo afirmativo, utilizando o seguinte formato:

$$\textbf{SE } X = A \textbf{ ENTÃO } Y = B$$

Onde $A \subset X$ e $B \subset Y$.

Utilizando conjuntos linguísticos no lugar de proposições lógicas, tem-se:

$$\textbf{SE}<\text{Antecedentes}>\textbf{ENTÃO}<\text{Consequentes}>$$

Os antecedentes se relacionam com valores nebulosos de uma ou mais variáveis linguísticas e todas as regras são ativadas e processadas em paralelo.

Os consequentes de todas as regras são calculados paralelamente como segue:

O mínimo entre as pertinências (μ) dos antecedentes (Intersecção), para condicional E;

O máximo entre as pertinências (μ) dos antecedentes (União), para condicional OU

Tome-se como exemplo as seguintes variáveis nebulosas que compõem os antecedentes de uma regra:

Temperatura externa com pertinência µ = 0,5;
Ar condicionado com pertinência µ = 1,0

A variável nebulosa correspondente ao consequente "Conforto" terá pertinência µ = 0,5.

A figura 14 ilustra o exemplo dado:

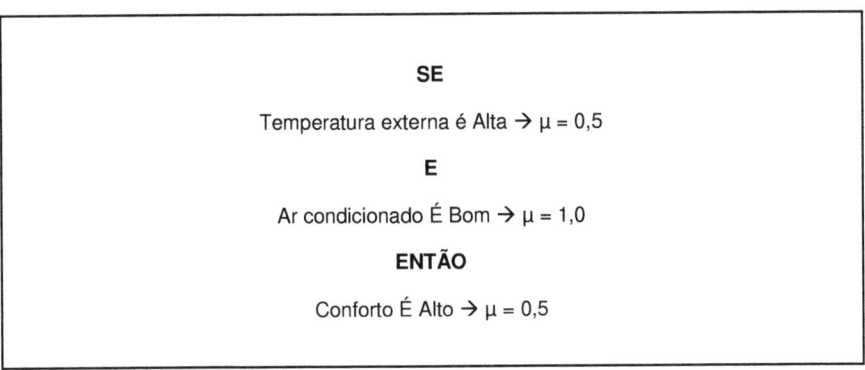

SE

Temperatura externa é Alta → µ = 0,5

E

Ar condicionado É Bom → µ = 1,0

ENTÃO

Conforto É Alto → µ = 0,5

Figura 11: Exemplo de Inferência baseado em Regras Nebulosas

A figura 15 ilustra a avaliação da regra acima com o condicional **E** (min):

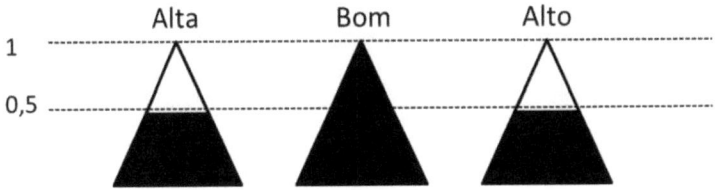

Figura 12: Exemplo de avaliação de regra com condicional E (min)

Como todas as regras são processadas em paralelo, os consequentes devem ser agregados e, para isso, considera-se o máximo dos consequentes (max(min)) para alcançar a área final para defuzzificação, como ilustrado na figura 16. Essa soma lógica de todos os consequentes, usando inferência (máx(min)) chama-se Corte α ou α_{CUT}.

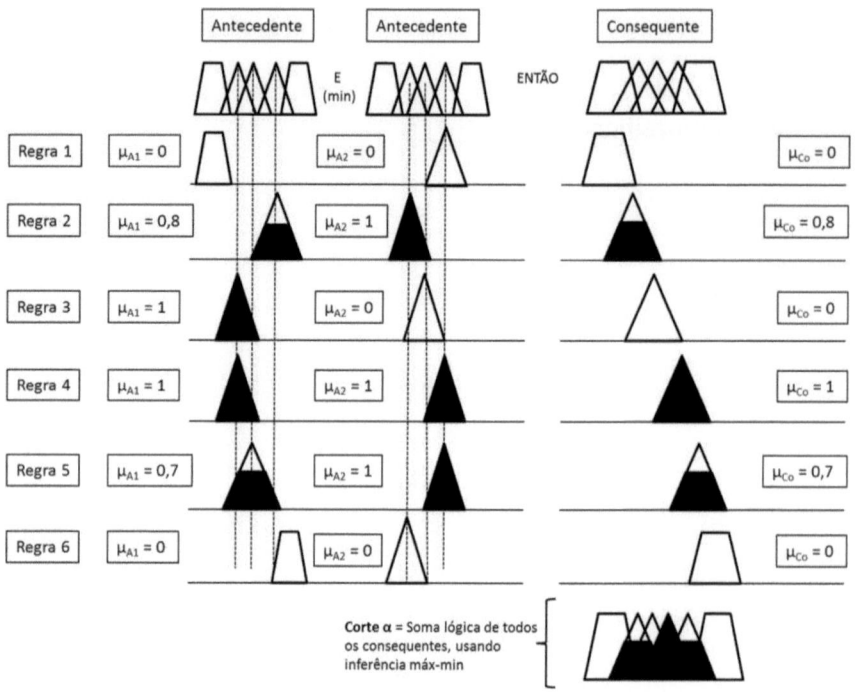

Figura 13: Sistema usando inferência máx-min (Corte α)

3.3. Defuzzificação

O ser humano naturalmente trabalha com características incertas, mas as máquinas e equipamentos precisam de um número real que represente o valor de referência necessário para uma determinada ação.

Esse processo de conversão de um valor nebuloso, resultado da saída de inferência, para um número real é chamado de Defuzzificação (SHAW &

32

SIMOES, 1999), que será mais bem detalhado no item que segue. Na defuzzificação, o valor da variável linguística de saída inferida pelas regras nebulosas será traduzido num valor discreto.

Os métodos utilizados para a defuzzificação são: Centro de Área (CoA), Centro do Máximo (CoM) e Média do Máximo (MoM) (SHAW & SIMOES, 1999).

3.4. Defuzzificação pelo Centro de Área (CoA)

Também chamado de Centro de Gravidade, calcula o centroide da área composta, que representa o termo de saída nebuloso μ_{OUT}, que é composto pela União de todas as pertinências contribuídas pelas regras. O centroide é um ponto que divide a área μ_{OUT} em duas partes iguais, e seu cálculo se dá da seguinte forma:

$$u = \frac{\sum_{j=1}^{N} u_i \mu_{OUT}(u_i)}{\sum_{1}^{N} \mu_{OUT}(u_i)}$$

Onde

$\mu_{OUT}(u_i)$ é a área de uma função de pertinência modificada pelo resultado da inferência nebulosa

u_i é a posição do centroide da função de pertinência individual

Supondo as seguintes variáveis linguísticas com suas funções de pertinências μ:

Negativo Baixo (NB) $\rightarrow \mu_{NB} = 0,0$

Negativo Médio (NM) →μ_{NM} = 0,0

Zero (ZE) →μ_{ZE} = 0,2

Positivo Médio (PM) →μ_{PM} = 0.8

Positivo Alto (PA) →μ_{PA} = 0,0

Na forma de Vetor de Possibilidades: {0,0; 0,0; 0,2; 0,8; 0,0}

A figura 17 representa a defuzzificação pelo Centro de Área dessas pertinências:

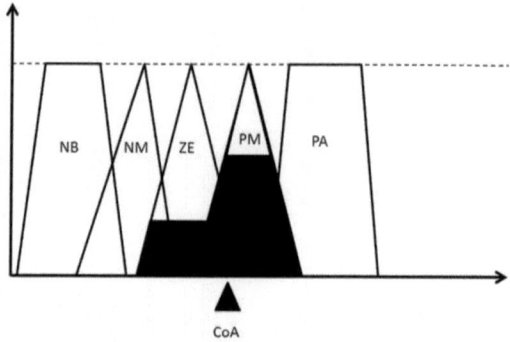

Figura 14: Método de defuzzificação por Centro de Área (CoA)

As principais fontes de imprecisão quando se utiliza o método CoA ocorrem:

A. Quando não há sobreposição das funções de pertinência ou;

B. Quando mais de uma função de pertinência se sobrepõe;

C. Se os conjuntos das variáveis linguísticas não forem proporcionais, as figuras não serão simétricas, aplicando, sem intenção, uma relação de relevância (pesos) entre elas. O lado maior terá mais peso que o menor. A Figura 18, que representa o exemplo de uma variável linguística com conjuntos nebulosos não simétricos.

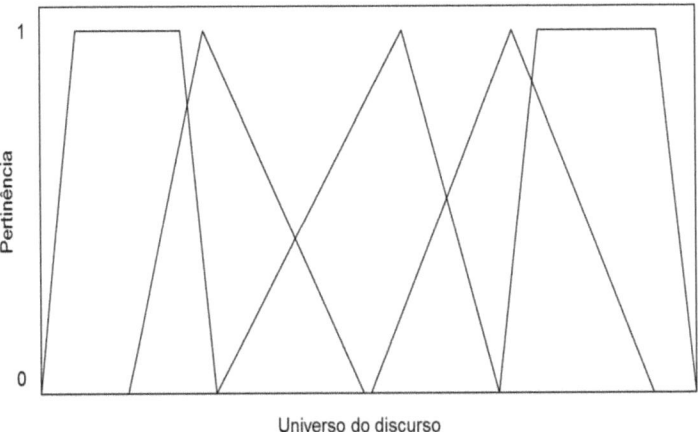

Figura 15: Funções de pertinência triangulares e trapezoidais não simétricas

3.5. Defuzzificação pelo Centro do Máximo (CoM)

Também chamado de Defuzzificação pelas Alturas, neste método os picos das funções de pertinência representados no Universo de discurso da variável de saída são usados, ignorando as áreas das funções de pertinência.

A saída discreta é calculada através da média ponderada dos máximos, cujos pesos são os resultados da inferência, da seguinte forma:

$$u = \frac{\sum_{i=1}^{N} u_i \cdot \sum_{k=1}^{N} \mu_{OUT}(u_i)}{\sum_{i=1}^{N} \sum_{k=1}^{N} \mu_{OUT}(u_i)}$$

Onde:

$\mu_{out}(\mu_i)$ indicam os pontos em que ocorrem os máximos das funções de pertinência de saída.

Os resultado obtidos são próximos do CoA, mas esse método é considerado com "mais compromisso" com as possíveis saídas em multiplicidades, pois constituirão a ponderação no cálculo.

3.6. Defuzzificação pela Média do Máximo (MoM)

Este método considera a média de todos os máximos das funções de pertinência, da seguinte forma:

$$u = \sum_{m=1}^{M} \frac{u_m}{M}$$

Onde:

u_m é o m-ésimo elemento no universo do discurso onde a função $\mu_{OUT}(u_i)$ tenha um máximo;

M é o número total desses elementos.

4. MÉTODO MATRICIAL PARA ANÁLISE NEBULOSA DE INCERTEZAS

Considerando o mecanismo de inferência descrito no Capítulo 5, este trabalho propõe um método generalista, baseado em operações entre matrizes numéricas, para a implementação de sistemas de regras nebulosas, através de transformações numérico-lógicas nos elementos dessas matrizes.

A disponibilidade de um método generalista permite sua implementação em qualquer plataforma computacional (*hardware* e *software*) para análise em uma ampla gama de cenários com presença de subjetividade no processo de tomada de decisão. É nesse contexto que a proposta deste trabalho se insere.

De forma geral, o método proposto consiste dos seguintes passos para realizar o procedimento proposto originalmente por Mandani:

1. Definir as matrizes que farão parte do mecanismo de inferência, a saber:
   a) Os valores e escopo de aplicação dos conjuntos nebulosos que compõem as variáveis nebulosas de entrada do sistema baseado em regras nebulosas, para o cenário específico sob análise são representados em uma **Matriz E**;

   b) As definições de valores modais e formato da função de pertinência referente aos conjuntos nebulosos das variáveis nebulosas (entrada e saída), codificados numericamente em uma **Matriz C**;

   c) A definição de antecedentes e consequentes das regras nebulosas que compõem a base de conhecimento do sistema em uma **Matriz R**;

2. Realizar transformações numéricas na matriz C, baseadas na informação lógica codificada nas matrizes E e C para viabilizar e armazenar o cálculo das pertinências (μ) dos valores definidos para as

entradas no cenário específico sob análise em relação aos conjuntos nebulosos das variáveis nebulosas de entrada definidas em C;

3. Realizar a implicação das regras de inferência nebulosas através de transformações numéricas na matriz C baseadas na informação lógica da relação entre antecedentes e consequentes codificada nas matrizes R e C para viabilizar a determinação dos cortes-alfa (α_{CUT}), referentes aos conjuntos nebulosos das variáveis nebulosas de saída definidas em C;

4. Realizar a agregação dos consequentes das regras nebulosas definidos pelos conjuntos nebulosos de saída, definindo a envoltória resultante das variáveis nebulosas de saída devidamente cortadas na altura definida em seus cortes-alfa (α_{CUT});

5. alcular o valor final representativo das variáveis de saída através da defuzzificação das envoltórias resultantes obtidas no item (4) através de um método previamente especificado, como por exemplo, o centroide (ou centro de massa)

A figura 19, de forma geral, ilustra o relacionamento entre as matrizes e as fases do mecanismo proposto:

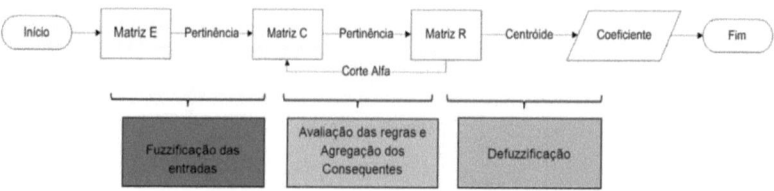

Figura 16: Processo proposto

Os itens que se seguem descrevem em maior detalhamento cada etapa representada na Figura 16.

4.1. Definição da Matriz E

A figura 20 ilustra o papel da Matriz E no Processo Matricial:

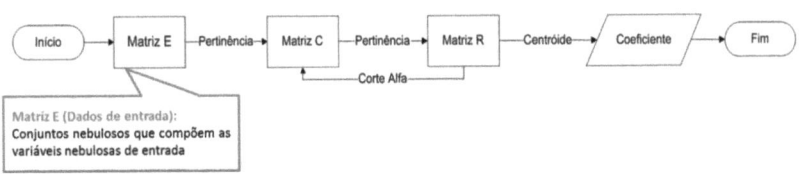

Figura 17: Papel da Matriz E no Processo Matricial

Para a definição da matriz E, sejam dados:

As variáveis nebulosas de entrada envolvidas com o cenário sob análise, de tal forma que VE_i representa a i-ésima variável de entrada, totalizando NVE variáveis de entrada,

O número total de conjuntos que estão associados a uma dada variável nebulosa de entrada VE_i, definido por $NCVE_i$;

A matriz E a que se referem os dados de entrada terá então dimensão NVE linhas por duas colunas. Nessa matriz:

Cada elemento E[i, 1] corresponde ao valor da entrada *crisp* que se refere à VE_i;

Cada elemento E[i, 2] corresponde a $NCVE_i$ (número total de conjuntos nebulosos referentes a VE_i).

A figura 21 apresenta um exemplo da estrutura da matriz E. Nessa figura, tem-se uma matriz de entrada formatada para um problema que está fundamentado nas relações entre quatro variáveis nebulosas de entrada, pois o número de linhas da matriz E é quatro. A primeira variável nebulosa apresenta cinco conjuntos nebulosos, assim como a segunda e a quarta; já a terceira variável nebulosa apresenta três conjuntos. O valor de entrada que será fuzzificado junto a primeira variável nebulosa é 90.1; o que será fuzzificado junto a segunda variável é de 10.1; e assim por diante.

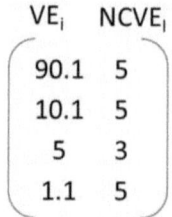

$$\begin{array}{cc} VE_i & NCVE_i \\ 90.1 & 5 \\ 10.1 & 5 \\ 5 & 3 \\ 1.1 & 5 \end{array}$$

Figura 18: Exemplo da estrutura Matriz E

4.2. Definição da Matriz C

A figura 22 ilustra o papel da Matriz C no Processo Matricial:

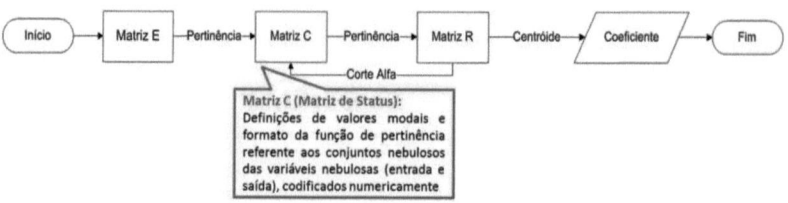

Figura 19: papel da Matriz C no Processo Matricial

Para a definição da matriz C, sejam dados:

As variáveis nebulosas de entrada envolvidas com o cenário sob análise, de tal forma que VE_i representa a i-ésima variável de entrada, totalizando NVE variáveis de entrada,

O número total de conjuntos que compõem uma dada variável nebulosa de entrada VE_i, definido por $NCVE_i$

As variáveis nebulosas de saída envolvidas com o cenário sob análise, de tal forma que VS_i representa a i-ésima variável de saída, totalizando NVS variáveis de saída,

O número total de conjuntos que compõem uma dada variável nebulosa de saída VS_i, definido por $NCVS_i$

A matriz C a qual se referem os dados de conjuntos nebulosos do problema (tanto das variáveis de entrada quanto das variáveis de saída) terá então, dimensão (NVE + NVS) linhas por cinco colunas.

Nessa matriz, as NVE primeiras linhas correspondem aos dados que especificam os conjuntos das variáveis nebulosas de entrada, enquanto as NVS últimas linhas especificam os conjuntos das variáveis nebulosas de saída. Assim, os $NCVE_i$ conjuntos nebulosos da variável de entrada VE_i serão empilhados no topo da matriz C na ordem em que estão indexados na matriz E. Posteriormente, os $NCVS_i$ conjuntos nebulosos da variável de saída VS_i são acrescentados ao final desse empilhamento, completando a formação da matriz C.

Assim, cada linha da matriz C, quando tomada individualmente, representa um conjunto nebuloso específico (de entrada ou saída).

Em cada uma das linhas:

A primeira coluna representa o valor modal A da função de pertinência do conjunto nebuloso, conforme especificação dada nas figuras 7 e 8;
A segunda coluna representa o valor modal B da função de pertinência do conjunto nebuloso, conforme especificação dada nas figuras 7 e 8;
A terceira coluna representa o valor modal C da função de pertinência do conjunto nebuloso, conforme especificação dada nas figuras 7 e 8;
A quarta coluna representa o valor modal D da função de pertinência do conjunto nebuloso, conforme especificação dada nas figuras 7 e 8;

Já a quinta coluna de cada uma das linhas da matriz C representa o valor da pertinência (μ) obtida ao final do processo de fuzzificação, quando a linha em questão se refere a um conjunto nebuloso de uma variável de entrada. Por outro lado, quando se tratar de uma linha que se refere a um conjunto nebuloso de uma variável de saída, a quinta coluna apresentará o valor do corte-alfa (α_{CUT}) dos conjuntos de saída que é obtido ao final do processo de implicação das regras nebulosas.

A figura 23 apresenta um exemplo da estrutura da matriz C:

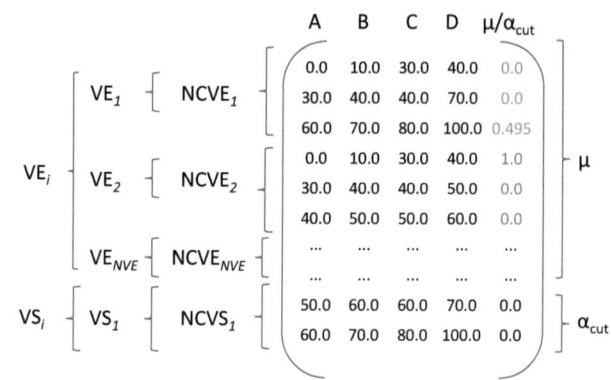

Figura 20: Exemplo da estrutura Matriz C

A Matriz C é a utilizada tanto na entrada, quanto no processamento e na saída dos dados.

4.3. Definição da Matriz R

A figura 24 ilustra o papel da Matriz R no Processo Matricial:

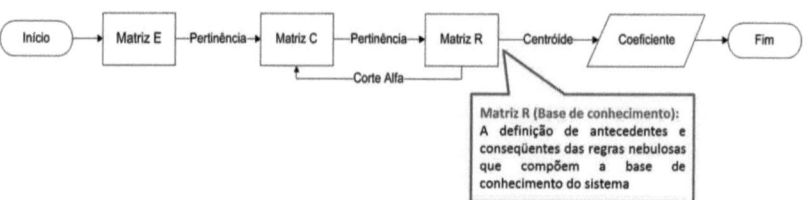

Figura 21: papel da Matriz R no Processo Matricial

Para a definição da matriz R, sejam dados:

O número máximo de antecedentes NA que uma regra nebulosa da base de conhecimento pode apresentar;

O número máximo de consequentes NC que uma regra nebulosa da base de conhecimento pode apresentar;

O número total de regras nebulosas NR presentes na base de conhecimento;

A matriz R a qual se referem as regras de inferência nebulosa presentes na base de conhecimento do mecanismo proposto neste trabalho terá NR linhas por (NA + NC) colunas.

Assim, cada linha da matriz R, quando tomada individualmente, representa uma regra de inferência específica com o formato geral:

$$\text{SE } (A_1 E \ A_2 E \ A_3 E \ .... \ A_{NA}) \text{ ENTÃO } (C_1, \ C_2 \ .... \ C_{NC}).$$

Onde A_i representa o i-ésimo conjunto nebuloso de entrada, presente na regra nebulosa, e C_i representa o i-ésimo conjunto nebuloso de saída, detentor do resultado da inferência da regra nebulosa.

A matriz R será preenchida com os indexadores dos conjuntos nebulosos envolvidos com as regras de inferência, quando considerados a sua posição na matriz C, ou seja, a linha da matriz C que armazena os parâmetros que especificam os citados conjuntos.

Consequentemente, em relação a cada regra nebulosa, em sua correspondente linha da matriz R, as NA primeiras colunas armazenam as linhas da matriz C que correspondem aos conjuntos nebulosos dos antecedentes da regra em questão; por outro lado, as NC últimas colunas armazenam as linhas da matriz C que correspondem aos conjuntos nebulosos dos consequentes dessa mesma regra.

A figura 25 apresenta um exemplo da estrutura da matriz R. Nessa figura, tem-se uma base de conhecimento representada por duas regras nebulosas, pois esse é o número de linhas da matriz. Em cada uma dessas regras, as duas primeiras colunas apresentam os indexadores dos antecedentes, enquanto a última coluna apresenta os indexadores do único consequente.

$$\begin{array}{ccc} A1 & A2 & Co \\ 3 & 10 & 30 \\ 5 & 14 & 34 \end{array}$$

Figura 22: Exemplo da estrutura Matriz R

A tradução dos valores apresentados pela matriz da Figura 22 se dá como se segue:

Regra 1:

SE

(O conjunto nebuloso de entrada representado na linha 3 da matriz C)

E

(O conjunto nebuloso de entrada representado na linha 10 da matriz C)

ENTÃO

(O conjunto nebuloso de saída representado na linha 30 da matriz C)

Regra 2:

SE

(O conjunto nebuloso de entrada representado na linha 5 da matriz C)

E

(O conjunto nebuloso de entrada representado na linha 14 da matriz C)

ENTÃO

(O conjunto nebuloso de saída representado na linha 34 da matriz C)

4.4. Fuzzificação

Como descrito no item 1.24, a fuzzificação é o mapeamento de números reais para o domínio nebuloso. (SHAW & SIMOES, 1999) que consiste em determinar o grau de pertinência (μ) das entradas dadas por números reais (*crisp*) em relação aos conjuntos nebulosos das variáveis de entrada do sistema nebuloso.

Em relação ao método matricial proposto, o processo de fuzzificação se dá por transformações de elementos da matriz de conjuntos nebulosos C baseadas nas informações da própria matriz C e da matriz E de entradas *crisp*.

Os passos a seguir descrevem o processo de fuzzificação:

1. Iniciar o contador de linhas da matriz C, pois os conjuntos nebulosos da variável de entrada serão empilhados no topo da matriz na ordem em que estão indexados na matriz E:

LC = 0;

2. Para cada linha i da matriz E:

45

2.1. Ler a posição E [i, 1], que corresponde ao valor *crisp* de entrada que se refere à variável nebulosa VE_i;

2.2. Ler a posição E [i, 2] que corresponde ao número total de conjuntos $NCVE_i$ referentes à variável nebulosa VE_i;

2.3. Para um número de repetições igual a $NCVE_i$, fazer:

2.3.1. Incrementar LC:

$$LC = LC + 1$$

2.3.2. Ler os valores modais contidos na linha LC da matriz C, ou seja:

$$A = C[LC,1];$$
$$B = C[LC,2];$$
$$CM = C[LC,3];$$
$$D = C[LC,4];$$

2.3.3. Fuzzificar VEi em relação ao conjunto nebuloso em análise, isto é, calcular a pertinência μ_{Ei}, aplicando as regras que se seguem:

$$\mu_{Ei}(VE_i) = 0, \qquad \text{para } VE_i \leq A$$

$$\mu_{Ei}(VE_i) = \frac{VE_i - A}{B - A}, \qquad \text{para } A < VEi < B$$

$$\mu_{Ei}(VE_i) = 1, \qquad \text{para } B \leq VEi \leq CM$$

$$\mu_{Ei}(VE_i) = \frac{D - VE_i}{D - CM}, \qquad \text{para } CM < VEi < D$$

$$\mu_{Ei}(VE_i) = 0, \qquad \text{para } VEi \geq D$$

2.3.4.   Armazenar a pertinência μ_{Ei} na matriz C, na quinta coluna da linha LC, ou seja:

$$C[LC,5] = \mu_{Ei}$$

A Figura 23 apresenta o fluxograma equivalente aos passos descritos. Já a Figura 24 apresenta o resultado do processo de fuzzificação segundo os passos apresentados, para um exemplo de matrizes E e C.

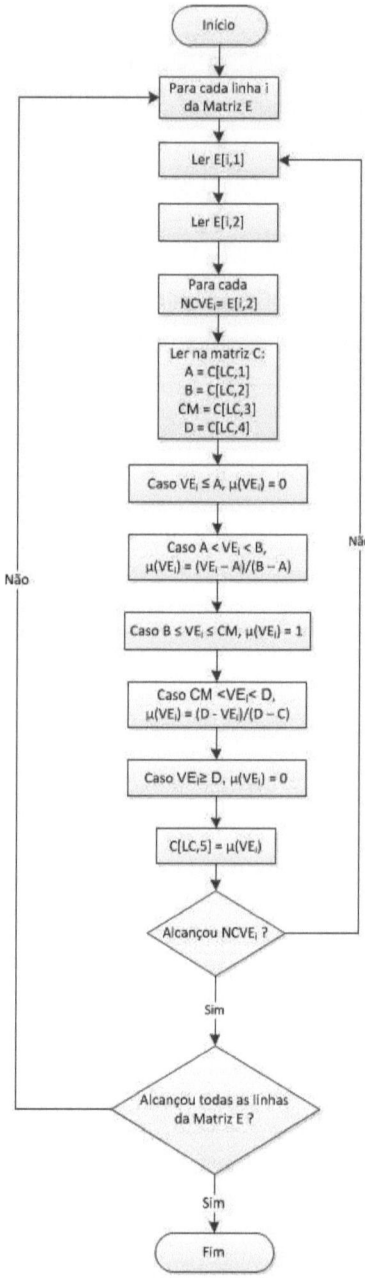

Figura 23: Fluxograma proposto para a Fuzzificação

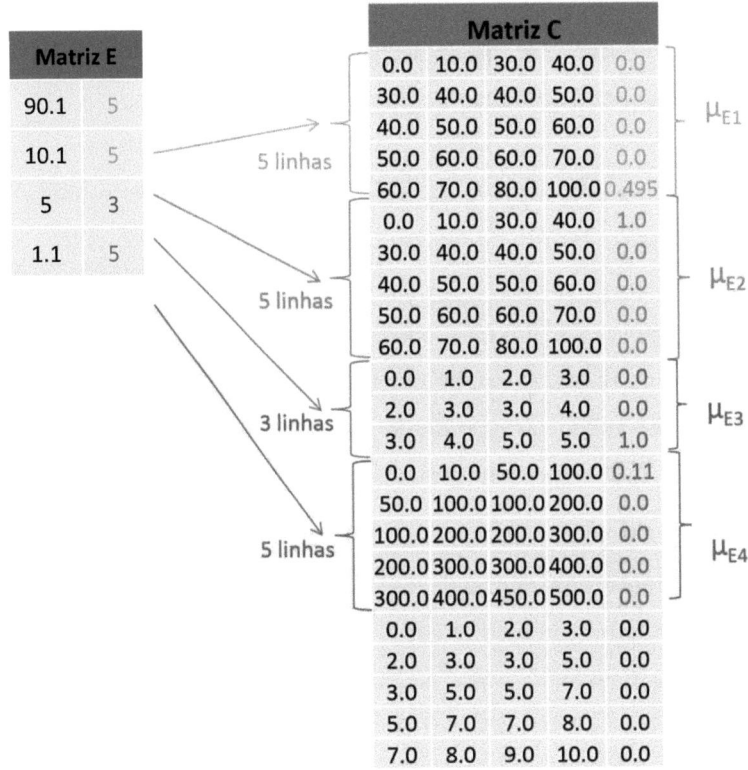

Figura 24: Exemplo de fuzzificação das entradas utilizando as matrizes E e C

4.5. Avaliação das regras e agregação dos consequentes

Conforme descrito no item 1.25, os antecedentes se relacionam com valores nebulosos de uma ou mais variáveis linguísticas e todas as regras são ativadas e processadas em paralelo. O resultado da etapa de processamento das regras consiste em determinar o corte-alfa (α_{CUT}) dos conjuntos nebulosos da variável de saída. Para essa determinação, três premissas devem ser satisfeitas:

- Para uma determinada regra, o valor a ser implicado no corte-alfa (α_{CUT}) do conjunto nebuloso de saída corresponde ao mínimo entre as pertinências (μ) dos antecedentes (Intersecção), para condicional E;
- Para uma determinada regra, o valor a ser implicado no corte-alfa (α_{CUT}) do conjunto nebuloso de saída corresponde ao máximo entre as pertinências
- (μ) dos antecedentes (União) para condicional OU;
- O valor final do corte-alfa (α_{CUT}) de um conjunto nebuloso associado a uma variável de saída corresponde ao máximo valor resultante das implicações das regras que têm esse conjunto como consequente.

A estrutura de uma regra nebulosa está definida na matriz R, onde as NA primeiras colunas definem os antecedentes e as NC últimas colunas definem os consequentes. Nesse trabalho, assumiu-se que as regras possuem sempre o condicional E entre seus antecedentes e apenas um consequente para cada regra.

Nesse sentido, a ausência do condicional OU é compensada pela operação de máximo realizada entre duas regras com o mesmo consequente, ou seja, uma única regra do tipo:

SE A1 OU A2 ENTÃO Co

Pode ser substituída por duas regras presentes na mesma base:

SE A1 ENTÃO Co

SE A2 ENTÃO Co

E a necessidade de múltiplos consequentes para uma única regra, como por exemplo:

SE A1 **E** A2 **ENTÃO** Co1, Co2, Co3

É sanada substituindo essa regra única por uma sequência de regras em número igual ao dos múltiplos consequentes, cada uma com um dos consequentes em questão:

SE A1 **E** A2 **ENTÃO** Co1

SE A1 **E** A2 **ENTÃO** Co2

SE A1 **E** A2 **ENTÃO** Co3

A partir do processamento das regras nebulosas definidas na matriz de regras R, as operações lógicas entre antecedentes e consequentes, respeitando as premissas apresentadas, conduz a transformações numéricas na matriz de conjuntos nebulosos C em relação às posições que dizem respeito aos conjuntos de saída.

Nessas condições, os passos a seguir descrevem o processo de avaliação de regras e agregação dos consequentes:

1. Definir o número de consequentes NC como a unidade:

   NC = 1;

2. Definir o número de antecedentes NA como a diferença entre o número total de colunas de R menos o número de consequentes NC:

   NA = (número de colunas em R) − NC =(número de colunas em R) − 1

3. Para cada linha LR da matriz R:

   3.1. Inicializar o contador CR de colunas da matriz R com zero

   CR = 0

3.2. Inicializar a pertinência resultante da regra com a unidade:

$$P = 1$$

3.3. Para um número de repetições igual a NA:

    3.3.1.   Incrementar CR:

$$CR = CR + 1$$

    3.3.2.   Aplicar o condicional E para a pertinência do conjunto nebuloso de entrada endereçado pela posição atual na matriz R:

$$P = \text{mínimo } (P; C[R[LR,CR], 5])$$

3.4. Implicar a pertinência resultante da regra com o corte-alfa (αCUT) atualmente associado ao conjunto nebuloso consequente:

$$C(R[LR,CR+1], 5] = \text{máximo } (P, C(R[LR,CR+1], 5])$$

A figura 28 apresenta o fluxograma equivalente aos passos descritos. Já a figura 29 apresenta o resultado do processo de avaliação das regras e agregação dos consequentes, segundo os passos apresentados, para um exemplo de matrizes R e C.

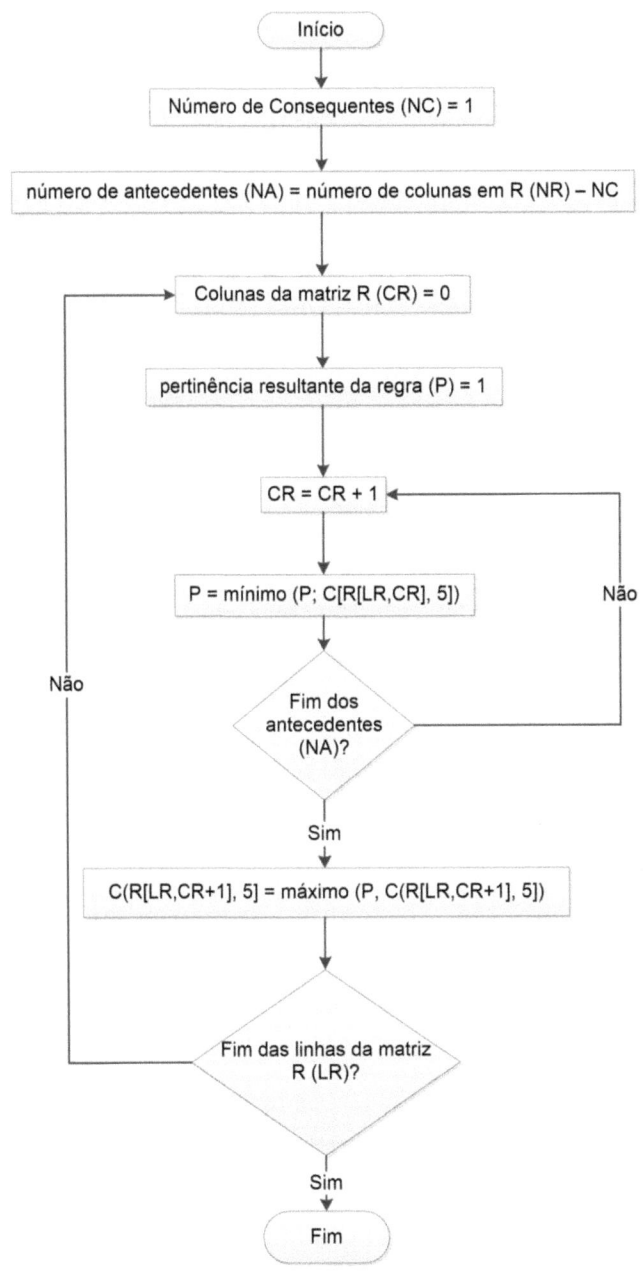

Figura 25: : Fluxo da avaliação das regras e agregação dos consequentes

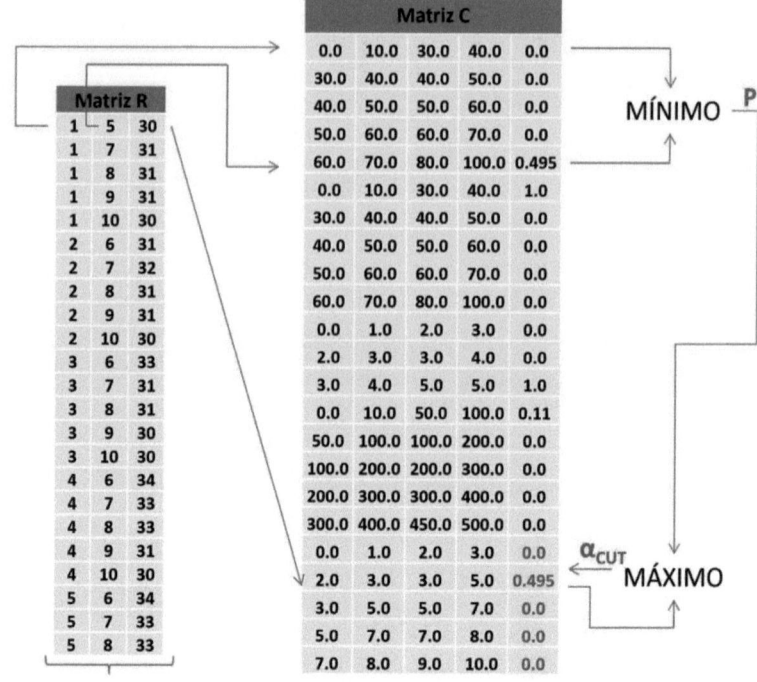

Mínimo entre os antecedentes

Figura 26: Inferência das regras e agregação dos consequentes (MAX(MIN))

4.6. Defuzzificação

Nessa etapa, são utilizados apenas os dados da Matriz de conjuntos nebulosos C, em relação às suas últimas linhas, que definem os conjuntos das variáveis de saída que serão defuzzificadas, ou seja, para as quais será calculado um índice numérico *crisp* que as representa. Cada variável de saída VS_i tem um certo número de conjuntos definido por $NCVS_i$. Para cada uma dessas variáveis, o valor defuzzificado pode ser determinado utilizando-se o método do centroide.

No entanto, para o cálculo do centroide de uma das variáveis de saída VS_i, deverá ser considerada pertinência a cada conjunto nebuloso CVS_i^k cortado, ou seja, já associado a seu valor final de corte-alfa (α_{CUT}). A pertinência de um valor x qualquer do universo de discurso da variável VS_i a um de seus conjuntos cortado, deverá ser igual ao valor mínimo entre a pertinência convencional desse valor x ao conjunto e o valor de seu corte alfa α_{CUT}.

Assim, considera-se a pertinência convencional de um valor *x* a um conjunto específico CVS_i^k da variável nebulosa de saída VS_i como $\mu conv_x(CVS_i^k)$, com seu valor obtido aplicando as regras que se seguem:

$$\mu conv_x(CVS_i^k) = 0 \quad \text{, para } x \leq A$$

$$\mu conv_x(CVS_i^k) = \frac{x-A}{B-A} \text{, para } A < x < B$$

$$\mu conv_x(CVS_i^k) = 1 \quad \text{, para } B \leq x \leq C$$

$$\mu conv_x(CVS_i^k) = \frac{D-x}{D-C}, \text{ para } C < x < D$$

$$\mu conv_x(CVS_i^k) = 0 \quad \text{, para } x \geq D$$

Onde A, B, C e D são os valores modais do conjunto nebuloso CVS_i^k da variável nebulosa de saída VS_i. A pertinência $\mu_x(CVS_i^k)$ de um valor x do universo de discurso de VS_i, em relação a esse conjunto nebuloso, quando associado a um corte-alfa $\alpha_{CUT}(CVS_i^k)$, será:

$$\mu_x(CVS_i^k) = \text{mínimo}\left(\alpha_{CUT}(CVS_i^k), \mu conv_x(CVS_i^k)\right)$$

A sobreposição das situações de um mesmo valor x do universo de discurso de VSi , em relação a todos os conjuntos nebulosos CVSik (para k de 1 a NCVSi), resultará na pertinência final $\mu_x(VS_i)$ desse valor x à variável de saída VSi. Essa sobreposição se dá pela obtenção do valor máximo entre as pertinências $\mu_x(\text{CVS}_i^k)$ em relação a todos os conjuntos CVSik (para k de 1 a NCVSi):

$$\mu_x(\text{VS}_i) = m\acute{a}ximo\left(\mu_x(\text{CVS}_i^1), \mu_x(\text{CVS}_i^2), ... \mu_x(\text{CVS}_i^{NCVS_i})\right)$$

A partir do processamento da situação consolidada da matriz de conjuntos nebulosos C, e considerando-se a aplicação do método do centroide, os passos a seguir descrevem o processo de defuzzificação, para cada variável de saída nebulosa VS_i:

1. Definir o universo de discurso de VS_i a partir de seus extremos x_{min} e x_{max}, analisandose as linhas da matriz de conjuntos C que representam seus conjuntos de saída CVS_i^k associados, ou seja, x_{min} será o menor dos valores modais encontrados nas linhas que descrevem os conjuntos CVS_i^k (para k de 1 a NCVS_i), enquanto x_{max} será o maior desses valores.

2. Definir o número de pontos de cálculo de pertinência npx, em função de um valor de passo p especificado:

$$npx = \frac{x_{max} - x_{min}}{p}$$

3. Inicializar o valor de X igual ao mínimo do universo de discurso em análise:

$$X = X_{min}$$

4. Inicializar os acumuladores do numerador e do denominador do cálculo do centroide:

$$\text{SOMA}_{\mu,X} = 0$$

$$\text{SOMA}_{\mu} = 0$$

5. Fazer, enquanto $x \leq x_{max}$:

   5.1. Calcular, de acordo com os passos anteriormente descritos:

5.1.1.   Para cada conjunto CVS_i^k (para k de 1 a $NCVS_i$):

$$\mu_x(CVS_i^k) = \text{mínimo}\left(\alpha_{CUT}(CVS_i^k), \mu conv_x(CVS_i^k)\right)$$

5.1.2.   Considerando os resultados de 5.1.1. determinar:

$$\mu_x(VS_i) = \text{máximo}\left(\mu_x(CVS_i^1), \mu_x(CVS_i^2), \dots \mu_x(CVS_i^{NCVS_i})\right)$$

5.2.   Atualizar o acumulador do numerador do cálculo do centroide

$$SOMA_{\mu,X} = SOMA_{\mu,X} + x \cdot \mu_x(VS_i)$$

5.3.   Atualizar o acumulador do denominador do cálculo do centroide

$$SOMA_\mu = SOMA_\mu + \mu_x(VS_i)$$

5.4.   Atualizar o valor da variável de discurso X

$$X = X + p$$

6. Calcular o centroide xD para a variável VSi:

$$x_D = \frac{SOMA_{\mu,X}}{SOMA_\mu}$$

A figura 30 apresenta o fluxograma equivalente aos passos da defuzzificação descritos.

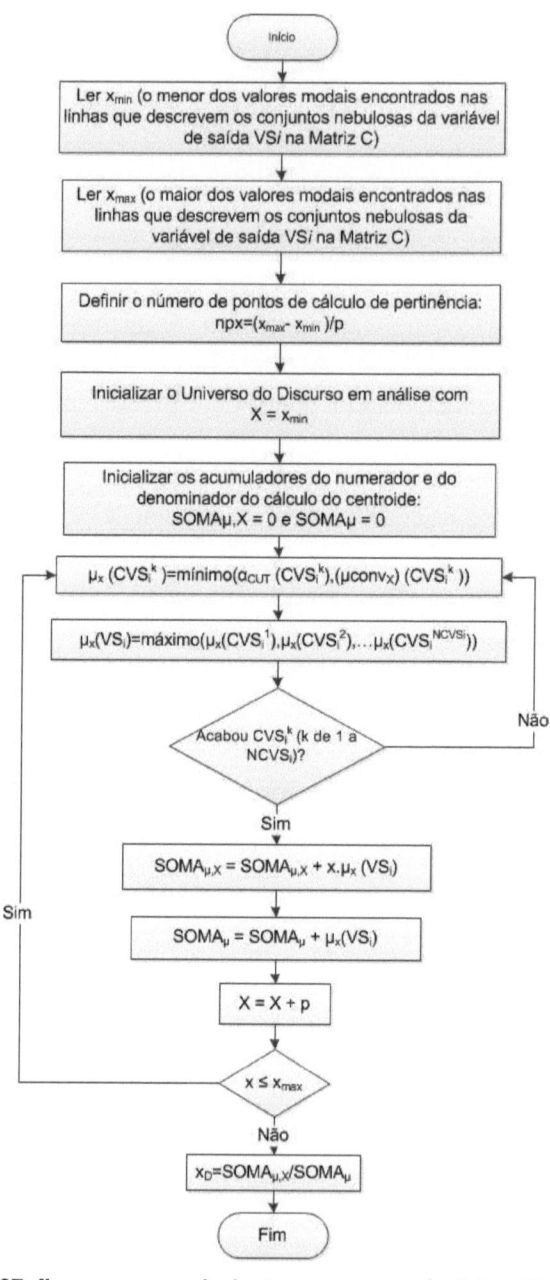

Figura 27: fluxograma equivalente aos passos da defuzzificação

5. Estudo de Caso - Análise e estudo da prospecção da Telefonia Fixa no Brasil

Este Estudo de caso consiste da construção de cenários prospectivos no período de 2012 a 2020, para os serviços de Telefonia Fixa no Brasil, e foi elaborada através de pesquisa exploratória, com base em dados de órgãos oficiais como Anatel (Agência Nacional de Telecomunicações), IBGE (Instituto Brasileiro de Geografia e Estatística), Ministério das Comunicações e sites de pesquisa como Teleco, Governo Federal e outros. (Portal da Anatel – Agencia Nacional de Telecomunicações, 2012) (Portal Anatel - Relatório Anual de 2011, 2011) (IBGE – Instituto Brasileiro de Geografia e Estatística, 2012) (TELECO Inteligências em Telecomunicações, 2012) (Plano Geral de Metas para a Universalização (PGMU III), 2012)

Com base na análise das informações obtidas durante a pesquisa exploratória, definiramse e caracterizaram-se os principais condicionantes de futuro, que influenciam ou definem os futuros alternativos do setor de telefonia fixa.

Desta forma, foram definidas seis variáveis em função de sua influência e de seu impacto sobre o futuro do setor, caracterizadas na forma de incertezas críticas, justificando o uso da Lógica Nebulosa para auxiliar o gestor ou investidos na tomada de decisão nesse segmento de mercado.

Para a simulação dos cenários de prospecção de telefonia fixa no Brasil, foi utilizada a Lógica Nebulosa com seis variáveis de entrada definidas conforme estudo prévio das informações levantadas nas bases citadas. Os resultados obtidos são demonstrados através de três cenários caracterizados como Favorável, Desfavorável e Estável. Para o cenário

Favorável, o serviço de telefonia fixa é atrativo para novos investimentos, devido ao cenário político de baixo risco e possibilidade de expansão do serviço. Para o cenário Desfavorável, o cenário político apresenta aumento nos riscos, aumento da competitividade e baixa atratividade no mercado. Para o cenário Estável, a telefonia fixa se mantém nos patamares atuais, pelo fato de não ocorrerem grandes mudanças no cenário político e de mercado.

As seis variáveis de entrada definidas em função de sua influência e de seu impacto sobre o futuro do setor, caracterizadas na forma de incertezas críticas e nomeadas foram:

1. RecTelMov: Reclamações sobre a Telefonia Móvel. Essa variável nebulosa será expressa em porcentagem (%) com intervalo entre 0-100 e se relacionará a 5 conjuntos nebulosos;

2. GastTelFixa: Gastos com telefonia fixa (assinatura + despesas). Essa variável nebulosa será expressa em R$ com intervalo entre 0-100 e se relacionará a 5 conjuntos nebulosos;

3. ConcMerc: Concentração do mercado. Essa variável nebulosa será expressa em Unidade com intervalo entre 0-5 e se relacionará a 3 conjuntos nebulosos;

4. DensPop: Densidade Populacional. Essa variável nebulosa será expressa em hab/km^2 com intervalo entre 0-500 e se relacionará a 5 conjuntos nebulosos;

5. RiscoPol: Risco Político do Brasil. Essa variável nebulosa será expressa em porcentagem (%) com intervalo entre 0-100 e se relacionará a 6 conjuntos nebulosos;

6. Cobertura: Cobertura geográfica para instalações de telefonia fixa. Essa variável nebulosa de saída será expressa

em porcentagem (%) com intervalo entre 0-100 e se relacionará a 5 conjuntos nebulosos;

A variável nebulosa de saída MercTelFixa, representará a Atratividade do Mercado de Telefonia Fixa. Essa variável nebulosa de saída será expressa de acordo com uma pontuação com intervalo entre 0-10 e se relacionará a 5 conjuntos nebulosos.

As variáveis linguísticas identificadas compõem a matriz E, conforme a tabela 15.

Tabela 4: Variáveis linguísticas que compõem a matriz E no Estudo de Caso 2

	MATRIZ E	
	VEi	NCVEᵢ
RecTelMo		5
GastTelFixa		5
ConcMerc		3
DensPop		5
RiscoPol		6
Cobertura		5

As variáveis linguísticas com os conjuntos nebulosos e valores modais estão descritos na figura 34.

ENTRADAS

Variável Nebulosa	Descrição	Intervalo	Conjunto Nebuloso	Tipo de função	A	B	C	D	μ / α_out	# linha da matriz C
RecTelMo (%)	Reclamações sobre a Telefonia Móvel	0-100	MuitoBaixo	Trapezoidal	0	10	30	40		1
			Baixo	Triangular	30	40	40	50		2
			Normal	Triangular	40	50	50	60		3
			Acima	Triangular	50	60	60	70		4
			MuitoAcima	Trapezoidal	60	70	80	100		5
GastTelFixa (R$)	Gastos com telefonia fixa (assinatura + despesas)	0-100	MuitoPouco	Trapezoidal	0	10	30	40		6
			Pouco	Triangular	30	40	40	50		7
			Padrão	Triangular	40	50	50	60		8
			Acima	Triangular	50	60	60	70		9
			MuitoAcima	Trapezoidal	60	70	80	100		10
ConcMerc (Unidade)	Concentração do mercado	0-5	Baixo	Trapezoidal	0	1	2	3		11
			Médio	Triangular	2	3	3	4		12
			Alto	Trapezoidal	3	4	5	5		13
DensPop (hab/km2)	Densidade Populacional	0-500	MuitoBaixa	Trapezoidal	0	10	50	100		14
			Baixa	Triangular	50	100	100	200		15
			Padrão	Triangular	100	200	200	300		16
			Alta	Triangular	200	300	300	400		17
			MuitoAlta	Trapezoidal	300	400	450	500		18
RiscoPol (%)	Risco Político do Brasil	0-100	Baixo	Trapezoidal	0	16	16	32		19
			MedioBaixo	Triangular	16	32	32	48		20
			Medio	Triangular	32	48	48	64		21
			MedioAlto	Triangular	48	64	64	80		22
			Alto	Triangular	64	80	80	96		23
			MuitoAlto	Trapezoidal	80	96	96	100		24
Cobertura (%)	Cobertura geográfica para instalações de telefonia fixa	0-100	MuitoBaixo	Trapezoidal	0	10	30	40		25
			Baixo	Triangular	30	40	40	50		26
			Inexistente	Triangular	40	50	50	60		27
			Alto	Triangular	50	60	60	70		28
			MuitoAlto	Trapezoidal	60	70	80	100		29

SAÍDA

Variável Nebulosa	Descrição	Intervalo	Conjunto Nebuloso	Tipo de função	A	B	C	D	μ / α_out	# linha da matriz C
MercTelFixa	Atratividade do Mercado de Telefonia Fixa	0-10	MuitoNegativo	Trapezoidal	0	1	3	4		30
			Negativo	Triangular	3	4	4	5		31
			Estável	Triangular	4	5	5	6		32
			Positivo	Triangular	5	6	6	7		33
			MuitoPositivo	Trapezoidal	6	7	8	10		34

Figura 28: Conjuntos nebulosos e valores modais do Estudo de caso

62

A base de regras completa está no Apêndice 1, e a Matriz R correspondente está descrita na tabela 16.

Tabela 5: Regras de inferência contidas na Matriz R do do Estudo de caso

| MATRIZ R | | | | PRECEDÊNCIA | | | | | | | | | CONSEQUENCIA | | |
A1	A2	Co	# Regra	SE	Variável	É	Critério Fuzzy	Operador lógico	Variável	É	Critério Fuzzy	ENTÃO	Variável	É	Consequencia1
1	6	31	1	SE	RecTelMo	É	MuitoBaixo	E	GastTelFixa	É	MuitoPouco	ENTÃO	MercTelFixa	É	Negativo
1	7	31	2	SE	RecTelMo	É	MuitoBaixo	E	GastTelFixa	É	Pouco	ENTÃO	MercTelFixa	É	Negativo
1	8	31	3	SE	RecTelMo	É	MuitoBaixo	E	GastTelFixa	É	Padrão	ENTÃO	MercTelFixa	É	Negativo
1	9	31	4	SE	RecTelMo	É	MuitoBaixo	E	GastTelFixa	É	Acima	ENTÃO	MercTelFixa	É	Negativo
1	10	30	5	SE	RecTelMo	É	MuitoBaixo	E	GastTelFixa	É	MuitoAcima	ENTÃO	MercTelFixa	É	MuitoNegativo
2	6	31	6	SE	RecTelMo	É	Baixo	E	GastTelFixa	É	MuitoPouco	ENTÃO	MercTelFixa	É	Negativo
2	7	32	7	SE	RecTelMo	É	Baixo	E	GastTelFixa	É	Pouco	ENTÃO	MercTelFixa	É	Estavel
2	8	31	8	SE	RecTelMo	É	Baixo	E	GastTelFixa	É	Padrão	ENTÃO	MercTelFixa	É	Negativo
2	9	31	9	SE	RecTelMo	É	Baixo	E	GastTelFixa	É	Acima	ENTÃO	MercTelFixa	É	Negativo
2	10	30	10	SE	RecTelMo	É	Baixo	E	GastTelFixa	É	MuitoAcima	ENTÃO	MercTelFixa	É	MuitoNegativo
3	6	33	11	SE	RecTelMo	É	Normal	E	GastTelFixa	É	MuitoPouco	ENTÃO	MercTelFixa	É	Positivo
3	7	31	12	SE	RecTelMo	É	Normal	E	GastTelFixa	É	Pouco	ENTÃO	MercTelFixa	É	Negativo
3	8	31	13	SE	RecTelMo	É	Normal	E	GastTelFixa	É	Padrão	ENTÃO	MercTelFixa	É	Negativo
3	9	30	14	SE	RecTelMo	É	Normal	E	GastTelFixa	É	Acima	ENTÃO	MercTelFixa	É	MuitoNegativo
3	10	30	15	SE	RecTelMo	É	Normal	E	GastTelFixa	É	MuitoAcima	ENTÃO	MercTelFixa	É	MuitoNegativo
4	6	34	16	SE	RecTelMo	É	Acima	E	GastTelFixa	É	MuitoPouco	ENTÃO	MercTelFixa	É	MuitoPositivo
4	7	33	17	SE	RecTelMo	É	Acima	E	GastTelFixa	É	Pouco	ENTÃO	MercTelFixa	É	Positivo
4	8	33	18	SE	RecTelMo	É	Acima	E	GastTelFixa	É	Padrão	ENTÃO	MercTelFixa	É	Positivo

4	9	31	SE	RecTelMo	É	Acima	E	GastTelFixa	É	Acima	ENTÃO	MercTelFixa	É	Negativo
4	10	30	SE	RecTelMo	É	Acima	E	GastTelFixa	É	MuitoAcima	ENTÃO	MercTelFixa	É	MuitoNegativo
5	6	34	SE	RecTelMo	É	MuitoAcima	E	GastTelFixa	É	MuitoPouco	ENTÃO	MercTelFixa	É	MuitoPositivo
5	7	33	SE	RecTelMo	É	MuitoAcima	E	GastTelFixa	É	Pouco	ENTÃO	MercTelFixa	É	Positivo
5	8	33	SE	RecTelMo	É	MuitoAcima	E	GastTelFixa	É	Padrão	ENTÃO	MercTelFixa	É	Positivo
5	9	31	SE	RecTelMo	É	MuitoAcima	E	GastTelFixa	É	Acima	ENTÃO	MercTelFixa	É	Negativo
5	10	31	SE	RecTelMo	É	MuitoAcima	E	GastTelFixa	É	MuitoAcima	ENTÃO	MercTelFixa	É	Negativo

49

MATRIZ R				PRECEDÊNCIA				CONSEQUENCIA		
11	0	31	SE	ConcMerc	É	Baixo	ENTÃO	MercTelFixa	É	Negativo
12	0	33	SE	ConcMerc	É	Médio	ENTÃO	MercTelFixa	É	Positivo
13	0	34	SE	ConcMerc	É	Alto	ENTÃO	MercTelFixa	É	MuitoPositivo
14	0	34	SE	DensPop	É	MuitoBaixa	ENTÃO	MercTelFixa	É	MuitoPositivo
15	0	34	SE	DensPop	É	Baixa	ENTÃO	MercTelFixa	É	MuitoPositivo
16	0	33	SE	DensPop	É	Padrão	ENTÃO	MercTelFixa	É	Positivo
17	0	31	SE	DensPop	É	Alta	ENTÃO	MercTelFixa	É	Negativo
18	0	30	SE	DensPop	É	MuitoAlta	ENTÃO	MercTelFixa	É	MuitoNegativo
19	0	34	SE	RiscoPol	É	Baixo	ENTÃO	MercTelFixa	É	MuitoPositivo
20	0	33	SE	RiscoPol	É	MedioBaixo	ENTÃO	MercTelFixa	É	Positivo
21	0	32	SE	RiscoPol	É	Medio	ENTÃO	MercTelFixa	É	Estavel
22	0	31	SE	RiscoPol	É	MedioAlto	ENTÃO	MercTelFixa	É	Negativo

23	0	31	SE	RiscoPol	É	Alto			ENTÃO	MercTelFixa	É	Negativo
24	0	30	SE	RiscoPol	É	MuitoAlto			ENTÃO	MercTelFixa	É	MuitoNegativo
25	0	30	SE	Cobertura	É	MuitoBaixo			ENTÃO	MercTelFixa	É	MuitoNegativo
26	0	31	SE	Cobertura	É	Baixo			ENTÃO	MercTelFixa	É	Negativo
27	0	31	SE	Cobertura	É	Inexistente			ENTÃO	MercTelFixa	É	Negativo
28	0	33	SE	Cobertura	É	Alto			ENTÃO	MercTelFixa	É	Positivo
29	0	34	SE	Cobertura	É	MuitoAlto			ENTÃO	MercTelFixa	É	MuitoPositivo

Supuseram-se alguns valores de entradas (*crisp*) como exemplo. Esses valores encontram-se descritos na tabela 17.

Tabela 6: Exemplo de variáveis de entrada para o Estudo de caso 2

	VEi	NCVEi	Observação
	MATRIZ E		
RecTelMo	90.1	5	Proporção Muito Alta de reclamações
GastTelFixa	10.1	5	Muito Pouco gasto com telefonia fixa
ConcMerc	5	3	Alta concentração do mercado
DensPop	1.1	5	Densidade populacional Muito Baixa
RiscoPol	1.9	6	Baixo risco político
Cobertura	60.1	5	Cobertura geográfica Muito Alta

Após a fuzzificação dessas entradas, inferência das regras e agregação dos consequentes utilizando as matrizes C e R, o cálculo do centroide na Defuzzificação resulta em valor de saída igual a 7.34. Conforme descrito na Figura 34, o coeficiente de saída mostra para o gestor que a Atratividade do Mercado de Telefonia Fixa é Positiva ou Muito Positiva para os valores de entrada apresentados na Tabela 15.

Conforme citado anteriormente, para validação do método proposto, foram desenvolvidos três cenários, para o horizonte 2010-2020, para o mercado de telefonia fixa no contexto brasileiro, conforme demonstra a matriz de combinação de incertezas apresentada na tabela 18.

Tabela 7: Matriz de combinação de incertezas para o horizonte 2010-2020, para o mercado de telefonia fixa no contexto brasileiro

Incertezas Críticas	Possibilidades de Evolução no Horizonte da Prospecção		
Reclamações em Telefonia Móvel	Redução no número de reclamações	Número de reclamações se mantém no patamar atual	Aumento no número de reclamações
Gastos com Telefonia fixa (assinatura + despesas)	Redução das tarifas de telefonia fixa	As tarifas se mantêm no patamar atual	Aumento nas tarifas de telefonia fixa
Concentração do Mercado	Poucas operadoras dominando o mercado	Crescimento das operadoras com menor domínio no mercado	Surgimento de novas operadoras no mercado
Densidade Populacional	Densidade populacional pequena	Densidade Populacional mediana	Alta densidade populacional
Risco Político do Brasil	Aumento do risco político do país	O risco político do país se mantém na situação atual	Diminuição do risco político do país
Cobertura geográfica para instalações de Telefonia Fixa	Pouca infraestrutura existente	Infraestrutura existente relevante	Elevada infraestrutura existente
Coeficiente	4,25	5,39	7,34

Na matriz, foram traçados três caminhos utilizando as seis variáveis, onde as setas indicam as possíveis incertezas que poderão ocorrer dentro de cada cenário futuro.

Para cada cenário, foram realizadas simulações com a inserção de dados para cada variável no sistema desenvolvido utilizando a lógica nebulosa, gerando como resultado o coeficiente associado à variável de saída "Atratividade do Mercado de Telefonia Fixa" para cada cenário projetado:

A.   **Cenário Desfavorável** - Para o cenário caracterizado como "Desfavorável", considerou-se os seguintes condicionantes que poderão desfavorecer o mercado de telefonia fixa: o mercado de telefonia móvel poderá ser mais atrativo do que de telefonia fixa se houver uma redução significativa nas reclamações de telefonia móvel e se as tarifas de telefonia fixa aumentarem. A concorrência de mercado também poderá ser um agravante se aparecerem novas operadoras no mercado, aumentando a concorrência. Com relação ao crescimento da população, se ocorrer crescimento mais significativo da população com menor renda nas regiões menos estruturadas, serão exigidos grandes investimentos das operadoras, inclusive não sendo garantida a adesão pelo fato da baixa renda, o que não ocorre, por exemplo, nas grandes regiões que já possuem volume alto de acesso e infraestrutura. Quanto ao risco político, se houver um agravamento no cenário atual devido à crise na Europa ou outros fatores, poderá ocasionar crise no mercado interno (uma recessão), diminuindo os investimentos e as aquisições, e também cancelamento de acessos. E se houver pouca ou nenhuma infraestrutura de telefonia fixa nos locais definidos pela Anatel, serão exigidos grandes investimentos das operadoras, sendo um outro fator que desmotivará os investidores. Para esse cenário, o coeficiente de saída resultante foi de 2,59 significando que a atratividade em novos investimentos na telefonia fixa é muito baixa.

B.   **Cenário Estável** – Para este cenário, os condicionantes se mantêm no patamar atual sem grandes mudanças, mantendo-se o índice de reclamações da telefonia móvel, as tarifas aplicadas na telefonia fixa, o número de operadoras de telefonia fixa e a concorrência atual, sendo incentivado o crescimento das operadoras menores. O crescimento da população ocorrerá de forma moderada e o poder aquisitivo se mantém nas regiões mais favorecidas, mantendo o número de acessos e não exigindo altos investimentos das operadoras. O risco político continua numa situação estável, não apresentando altos riscos ao mercado investidor, e a cobertura das operadoras continuará nos grandes centros, não ocorrendo grande expansão nas regiões com menos infraestrutura, mantendo os acessos ativos e o oferecimento de novos serviços. Para esse cenário, o coeficiente de saída resultante foi de 4,78 sendo de média atratividade aos investidores.

C. **Cenário Favorável-** É o cenário mais atrativo para os investidores pelo fato dos condicionantes apresentarem uma situação confortável e promissora. Neste cenário, o número de reclamações de telefonia móvel cresce a índices que favorecem o uso do serviço de telefonia fixa e novas adesões, as tarifas aplicadas na telefonia fixa serão reduzidas apresentando baixíssimo custo no uso do serviço, o mercado apresenta pouca concorrência pelo fato de existirem poucas operadoras, sendo um atrativo a novos investidores, o crescimento populacional atingirá baixo índice de crescimento nas regiões com pouca infraestrutura, centralizando-se nas grandes regiões onde já existe infraestrutura adequada e um volume de adesões significativas pelo fato da renda nos grandes centros ser maior. O país reage à crise europeia e apresenta altos índices de produtividade (PIB), de equilíbrio financeiro, e baixo risco político, incentivando o mercado investidor. Com isso, crescem os investimentos em infraestrutura, havendo a expansão do serviço de telefonia fixa em todas as regiões do país. Para esse cenário, o coeficiente de saída resultante foi de 6,42, representando alta atratividade de investimentos para a telefonia fixa.

6. Bibliografia

Dicionário Houaiss. (1899). Acesso em 22 de 08 de 2013, disponível em Dicionário

Houaiss: http://houaiss.uol.com.br/busca?palavra=heur%EDstica

FIS - Fuzzy Inference Systems. (2004). Acesso em 22 de 08 de 2013, disponível em Fuzzy Sets and Pattern Recognition:

http://www.cs.princeton.edu/courses/archive/fall07/cos436/HIDDEN/Kn app/fuzzy.*h tm*

Dialética e Lógica. (29 de 07 de 2011). Acesso em 26 de 08 de 2013, disponível em Arquivo Marxista na Internet: http://www.marxists.org/portugues/plekhanov/1907/mes/dialetica.htm

Portal Anatel - Relatório Anual de 2011. (2011). Acesso em 12 de 10 de 2012, disponível em Portal da Anatel – Agencia Nacional de Telecomunicações: http://www.anatel.gov.br/Portal/exibirPortalInternet

IBGE – Instituto Brasileiro de Geografia e Estatística. (2012). Acesso em 10 de 10 de 2012, disponível em IBGE – Instituto Brasileiro de Geografia e Estatística: http://www.ibge.gov.br

Plano Geral de Metas para a Universalização (PGMU III). (2012). Acesso em 12 de 10 de 2012, disponível em Portal da Anatel - Agencia Nacional de Telecomunicações:

http://legislacao.anatel.gov.br/decretos/75-decreto-7512

Portal da Anatel – Agencia Nacional de Telecomunicações. (2012). Acesso em 15 de 10 de 2012, disponível em Portal da Anatel – Agencia Nacional de Telecomunicações: http://www.anatel.gov.br/Portal/

TELECO Inteligências em Telecomunicações. (2012). Acesso em 10 de 10 de 2012, disponível em TELECO Inteligências em Telecomunicações: http://www.teleco.com.br

Guia do Hardware. (04 de 10 de 2013). Fonte: http://www.hardware.com.br/termos/terminal-burro

EISENHARDT, K. M. (1989). Making fast strategic decisions in high-velocity environments. *Academy of management journal, v32.*

FINKELSTEIN, S. (2007). *Por que executivos inteligentes falham.* M. Books – 1ª. edição.

KAHNEMAN, D., & TVERSKY, A. (2009). Choices, values and frames. *New York: Cambridge University Press.*

NEGNEVITSKY, M. (2005). *Artificial Intelligence: A Guide to Intelligent Systems.* England: Addison Wesley.

SHAW, I. S., & SIMOES, M. G. (1999). *Controle e modelagem Fuzzy.*São Paulo: Editora Edgard Blücher.

SIN OIH YU, A. (2011). *Tomada de decisão nas organizações.* São Paulo: Editora Saraiva.

APÊNDICES

Base de regras do Estudo de Caso - Análise e estudo da prospecção da Telefonia Fixa no Brasil

1. SE RecTelMo É MuitoBaixo E GastTelFixa É MuitoPouco ENTÃO MercTelFixa É Negativo
2. SE RecTelMo É MuitoBaixo E GastTelFixa É Pouco ENTÃO MercTelFixa É Negativo
3. SE RecTelMo É MuitoBaixo E GastTelFixa É Padrão ENTÃO MercTelFixa É Negativo
4. SE RecTelMo É MuitoBaixo E GastTelFixa É Acima ENTÃO MercTelFixa É Negativo
5. SE RecTelMo É MuitoBaixo E GastTelFixa É MuitoAcima ENTÃO MercTelFixa É MuitoNegativo
6. SE RecTelMo É Baixo E GastTelFixa É MuitoPouco ENTÃO MercTelFixa É Negativo
7. SE RecTelMo É Baixo E GastTelFixa É Pouco ENTÃO MercTelFixa É Estavel
8. SE RecTelMo É Baixo E GastTelFixa É Padrão ENTÃO MercTelFixa É Negativo
9. SE RecTelMo É Baixo E GastTelFixa É Acima ENTÃO MercTelFixa É Negativo
10. SE RecTelMo É Baixo E GastTelFixa É MuitoAcima ENTÃO MercTelFixa É MuitoNegativo
11. SE RecTelMo É Normal E GastTelFixa É MuitoPouco ENTÃO MercTelFixa É Positivo
12. SE RecTelMo É Normal E GastTelFixa É Pouco ENTÃO MercTelFixa É Negativo
13. SE RecTelMo É Normal E GastTelFixa É Padrão ENTÃO MercTelFixa É Negativo
14. SE RecTelMo É Normal E GastTelFixa É Acima ENTÃO MercTelFixa É MuitoNegativo
15. SE RecTelMo É Normal E GastTelFixa É MuitoAcima ENTÃO MercTelFixa É MuitoNegativo
16. SE RecTelMo É Acima E GastTelFixa É MuitoPouco ENTÃO MercTelFixa É MuitoPositivo
17. SE RecTelMo É Acima E GastTelFixa É Pouco ENTÃO MercTelFixa É Positivo

18. SE RecTelMo É Acima E GastTelFixa É Padrão ENTÃO MercTelFixa É Positivo

19. SE RecTelMo É Acima E GastTelFixa É Acima ENTÃO MercTelFixa É Negativo

20. SE RecTelMo É Acima E GastTelFixa É MuitoAcima ENTÃO MercTelFixa É MuitoNegativo

21. SE RecTelMo É MuitoAcima E GastTelFixa É MuitoPouco ENTÃO MercTelFixa É MuitoPositivo

22. SE RecTelMo É MuitoAcima E GastTelFixa É Pouco ENTÃO MercTelFixa É Positivo

23. SE RecTelMo É MuitoAcima E GastTelFixa É Padrão ENTÃO MercTelFixa É Positivo

24. SE RecTelMo É MuitoAcima E GastTelFixa É Acima ENTÃO MercTelFixa É Negativo

25. SE RecTelMo É MuitoAcima E GastTelFixa É MuitoAcima ENTÃO MercTelFixa É Negativo

26. SE ConcMerc É Baixo ENTÃO MercTelFixa É Negativo

27. SE ConcMerc É Médio ENTÃO MercTelFixa É Positivo

28. SE ConcMerc É Alto ENTÃO MercTelFixa É MuitoPositivo

29. SE DensPop É MuitoBaixa ENTÃO MercTelFixa É MuitoPositivo

30. SE DensPop É Baixa ENTÃO MercTelFixa É MuitoPositivo

31. SE DensPop É Padrão ENTÃO MercTelFixa É Positivo

32. SE DensPop É Alta ENTÃO MercTelFixa É Negativo

33. SE DensPop É MuitoAlta ENTÃO MercTelFixa É MuitoNegativo

34. SE Risco_Pol É Baixo ENTÃO MercTelFixa É MuitoPositivo

35. SE Risco_Pol É MedioBaixo ENTÃO MercTelFixa É Positivo

36. SE Risco_Pol É Medio ENTÃO MercTelFixa É Estavel

37. SE Risco_Pol É MedioAlto ENTÃO MercTelFixa É Negativo

38. SE Risco_Pol É Alto ENTÃO MercTelFixa É Negativo

39. SE Risco_Pol É MuitoAlto   ENTÃO MercTelFixa É
MuitoNegativo

40. SE Cobertura É MuitoBaixo   ENTÃO MercTelFixa É
MuitoNegativo

41. SE Cobertura É Baixo   ENTÃO MercTelFixa É Negativo

42. SE Cobertura É Inexistente   ENTÃO MercTelFixa É
Negativo

43. SE Cobertura É Alto   ENTÃO MercTelFixa É Positivo

44. SE Cobertura É MuitoAlto   ENTÃO MercTelFixa É
MuitoPositivo

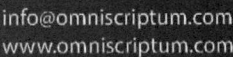